# 剪映

# 影视剪辑与特效制作

## 从入门到精通

龙 飞 编著

清华大学出版社
北京

## 内 容 简 介

本书将 27 万学员喜欢的影视剪辑和特效制作技巧，提炼为 9 章精华内容，通过 60 多个热门案例、70 多集同步教学视频进行讲解。书中包含两条线：一条为影视剪辑线，主要介绍了剪映影视剪辑入门基础操作和电影剪辑实战，手把手教会大家剪辑的知识和制作影视视频的方法；另一条为特效制作线，介绍了武侠片特效、仙侠片特效、神话片特效、科幻片特效、抠图特效、其他特效和字幕特效等的制作方法。通过详细讲解使用剪映进行影视剪辑和特效制作的操作步骤，帮助读者从入门到精通，成为专业的剪辑师和特效制作师。

本书可作为高等院校动画专业及相关培训班的辅导教材，也可作为影视剪辑与特效制作相关工作者，如视频剪辑师、电影特效师、影视制作人员等的学习参考书，还可供影视后期剪辑制作的爱好者阅读。

**图书在版编目(CIP)数据**

剪映影视剪辑与特效制作从入门到精通 / 龙飞编著 . —北京：清华大学出版社，2022.10（2023.11重印）

ISBN 978-7-302-60740-3

Ⅰ.①剪⋯　Ⅱ.①龙⋯　Ⅲ.①图像处理软件　Ⅳ.①TP391.413

中国版本图书馆 CIP 数据核字 (2022) 第 073531 号

责任编辑：李　磊
封面设计：杨　曦
版式设计：孔祥峰
责任校对：马遥遥
责任印制：沈　露

出版发行：清华大学出版社
　　　　网　　　址：http://www.tup.com.cn，http://www.wqbook.com
　　　　地　　　址：北京清华大学学研大厦A座　　　　邮　　编：100084
　　　　社　总　机：010-83470000　　　　　　　　　邮　　购：010-62786544
　　　　投稿与读者服务：010-62776969，c-service@tup.tsinghua.edu.cn
　　　　质　量　反　馈：010-62772015，zhiliang@tup.tsinghua.edu.cn
印　装　者：三河市君旺印务有限公司
经　　　销：全国新华书店
开　　　本：185mm×260mm　　　印　　张：15　　　字　　数：365千字
版　　　次：2022年10月第1版　　　印　　次：2023年11月第2次印刷
定　　　价：99.00元

产品编号：095379-01

# 序 言

PREFACE

## 剪映 的背景

抖音刚上市时，没有人会想到这款App竟然会在短短几年发展成享誉世界的行业翘楚，而由抖音官方推出的手机视频编辑工具剪映App也逐渐成为8亿用户首选的短视频后期处理工具。如今，剪映在安卓、苹果、电脑端的总下载量超过30亿次，不仅是手机端短视频剪辑领域的强者，而且得到越来越多的电脑端用户的青睐。

那么，剪映下一步的发展趋势是什么呢？

答案是商业化的应用。以前，使用Premiere和After Effects等大型图形视频处理软件制作电影效果与商业广告需要花费几个小时，而使用剪映只需花费几分钟或几十分钟就能达到同样的效果。速度快、质量好的特点，使剪映有望在未来成为商业作品的重要剪辑工具之一。

## 剪映 的优势

根据众多用户多年的使用经验，总结出剪映的三大优势：

一是配置要求低。与很多视频处理软件对电脑的配置要求非常高不同，剪映对操作系统、内存等的要求非常低，使用普通的电脑、平板电脑和手机等就能实现视频的剪辑操作。

二是容易上手。多数视频编辑软件的菜单、命令既多又复杂，对用户的专业性要求较高；而剪映是扁平界面模式，核心功能一目了然，用户能够轻松地掌握各项功能。

三是功能强大。使用剪映，可在几分钟内制作出精彩的影视特效、商业广告，在剪辑的方便性、快捷性、功能性方面，剪映都优于其他视频处理软件。

## 剪映 的用户

剪映手机版，已成为短视频剪辑软件中的佼佼者，而根据笔者的亲身经历和对周围人群的调研，剪映电脑版未来也很可能会成为电脑端视频剪辑的重要工具。越来越多的用户选择使用剪映，主要原因有以下三个：

一是剪映背靠抖音8亿短视频用户，使用剪映可以简单、高效地制作抖音视频。

二是专业的视频后期人员也开始使用剪映电脑端，因为剪映在制作片头、片尾、字幕、音频时更为方便、简单和高效。

三是剪映功能强大、简单易学的特点,吸引了很多刚刚开始学习和使用视频处理软件的新用户。

## **剪映** 的应用

在抖音上搜索"影视剪辑",可找到各类关于影视剪辑的话题,总播放量达2350亿次。其中,"影视剪辑"的播放量为1559.4亿次、"电影剪辑"的播放量为628.9亿次、"原创影视剪辑"的播放量为30.2亿次。

在抖音上搜索"特效制作",可找到各类特效制作话题,总播放量达58亿次。其中,"影视特效"的播放量为30亿次、"特效制作"的播放量为5.6亿次、"手机特效制作"的播放量为6.9亿次。

在抖音上搜索"调色",相关话题的总播放量也达30亿次。其中,"滤镜调色"的播放量为25.9亿次、"调色调色"的播放量为16.7亿次、"手机调色"的播放量为2.6亿次、"调色师"的播放量为1.5亿次。

从以上数据可以看出,影视剪辑、特效制作、视频调色,都是非常受用户欢迎的热点内容,存在非常旺盛的需求,市场前景广阔。

## **剪映** 系列图书

基于以上剪映的背景、优势、用户和应用,笔者策划了本系列图书,旨在帮助对视频后期制作感兴趣的人员学习。本系列图书共三本:

- 《剪映电影与视频调色技法从入门到精通》
- 《剪映影视栏目与商业广告从入门到精通》
- 《剪映影视剪辑与特效制作从入门到精通》

本系列图书具有如下三个特色。

第一,视频教学!赠送教学视频,读者扫描书中二维码可以查看制作过程。

第二,热门案例!精选抖音爆火案例,手把手教你制作方法。

第三,素材丰富!为提高读者学习效率,书中提供了案例的素材文件以供演练。

## 本书内容

本书主要内容为剪映影视剪辑与特效制作,全书共分为9章,具体内容如下。

第1章:介绍影视剪辑的基础操作和后期操作。

第2章:介绍电影剪辑实战技巧,包括前期准备、后期制作,以及投放平台等操作。

第3章:介绍武侠片特效,包括道具特效和功夫特效的制作方法。

第4章:介绍仙侠片特效,包括御剑特效、召唤特效和变身特效。

第5章：介绍神话片特效，包括飞行特效、动物特效和奇幻特效的制作方法。

第6章：介绍科幻片特效，包括变身特效和经典特效的制作方法。

第7章：介绍抠图特效，包括基础抠图、分身特效、背景特效和神奇特效的制作方法。

第8章：介绍其他特效，包括高科技特效、念力特效和实用特效的制作方法。

第9章：介绍一些热门实用的字幕特效，包括海报字幕特效、片头字幕特效、水印字幕特效和片尾字幕特效的制作方法。

此外，为方便读者学习，本书提供了丰富的配套资源。读者可扫描右侧二维码获取全书的素材文件、案例效果和教学视频；也可直接扫描书中二维码，观看案例效果和教学视频，随时随地学习和演练，让学习更加轻松。

配套资源

## 温馨提示

笔者基于当前各平台和软件截取的实时操作界面的图片编写本书，但图书从编辑到出版需要一段时间，在这段时间里，软件界面与功能会有一些调整和变化，比如删除或增加了某些内容，这是软件开发商做的更新。阅读时，读者可根据书中介绍的思路，举一反三，进行学习即可。

本书及附赠的资源文件中引用的图片、模板、音频及视频等素材仅为说明(教学)之用，绝无侵权之意，特此声明。也请大家尊重本书编写团队拍摄的素材，不要用于其他商业活动。

## 售后服务

本书主要内容为短视频后期制作，如果读者想学习短视频的前期拍摄方法，可以关注笔者的公众号"手机摄影构图大全"，学习公众号中分享的300多个拍摄技巧。

参与本书编写的人员有邓陆英，提供视频素材和拍摄帮助的人员有向小红、苏苏、巧慧、燕羽、徐必文、黄建波、罗健飞，以及王甜康等，在此表示感谢。

由于笔者水平有限，书中难免有疏漏之处，恳请广大读者批评、指正。

龙 飞

2022年3月

# 目 录 CONTENTS

## 第4章　仙侠片特效 59

## 第5章　神话片特效 83

**第6章** 科幻片特效 **108**

**第7章** 抠图特效 **131**

**知识导读**

本章主要介绍影视剪辑的入门操作，包含基础剪辑操作和影视后期操作。基础剪辑操作部分介绍导入和剪辑视频素材的方法，以及导出设置的操作。影视后期操作部分，则介绍了设置转场、视频调色、添加字幕和音乐等操作方法。学会这些内容，能够帮助读者在后面章节的学习中更加得心应手。

1 CHAPTER

第1章

# 影视剪辑入门

## 本章重点索引

基础剪辑操作

影视后期操作

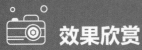
## 效果欣赏

# 1.1 基础剪辑操作

在剪映专业版中剪辑视频，需要先导入素材，导入后进行简单的剪辑操作并设置相关参数，就可以导出成品了。以上这些操作即为基础的剪辑处理，本节将详细为大家介绍这些操作方法。

## 1.1.1 导入和剪辑素材

【效果说明】：在剪映中导入素材后，就可以进行剪辑操作了。剪辑视频素材，包括把素材的时长裁剪，从而只留下需要的片段，突出原始视频中的重点画面。导入和剪辑素材的效果，如图1-1所示。

案例效果　　教学视频

图1-1　导入和剪辑素材的效果

**STEP 01** 打开剪映专业版软件，在"本地草稿"面板中单击"开始创作"按钮，进入视频剪辑界面，如图1-2所示。

**STEP 02** 在"媒体"功能区中，单击"导入素材"按钮，如图1-3所示。

图1-2　单击"开始创作"按钮

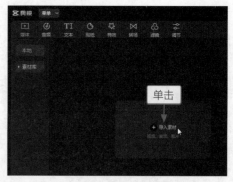

图1-3　单击"导入素材"按钮

**STEP 03** 弹出"请选择媒体资源"对话框，❶选择要导入的视频素材；❷单击"打开"按钮，如图1-4所示。

**STEP 04** 将视频素材导入"本地"选项卡中，单击视频素材右下角的 + 按钮，把视频素材添加到视频轨道中，如图1-5所示。

图1-4　选择视频素材　　　　　　　　　图1-5　导入视频素材

**STEP 05** 在时间线面板中，可以看到视频轨道中的视频素材。向左拖曳右上角的滑块，缩小视频素材的预览长度，如图1-6所示。反之，向右拖曳滑块，则可以放大视频素材的预览长度。

图1-6　向左拖曳滑块缩小视频素材预览长度

**STEP 06** ❶拖曳时间指示器至视频00:00:01:06的位置；❷单击"分割"按钮 Ⅱ，如图1-7所示。

**STEP 07** 分割视频素材后，❶选择前半段不需要的素材；❷单击"删除"按钮 □，即可删除多余的视频片段，如图1-8所示。

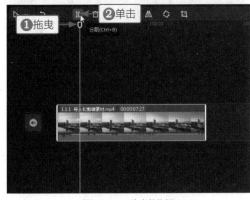 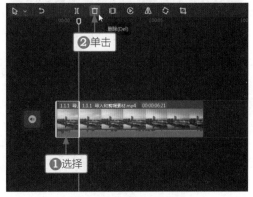

图1-7　分割视频　　　　　　　　　　　图1-8　删除视频素材

**STEP 08** 拖曳视频轨道中素材的白框，也可以调整视频的长短，如图1-9所示。

**STEP 09** 执行操作后，即可将7秒多的视频素材剪辑成6秒左右，如图1-10所示。

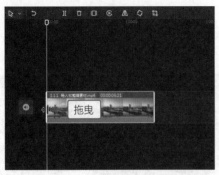

图 1-9　拖曳素材的白框

图 1-10　剪辑后的视频素材

## 1.1.2 导出设置

【效果说明】：视频剪辑处理完成后，可在剪映的"导出"对话框中设置相关参数，让视频画质更高清，播放速度也更流畅。导出设置的效果，如图1-11所示。

案例效果　　教学视频

图 1-11　导出设置的效果

**STEP 01** 在剪映中，将视频素材导入"本地"选项卡中，单击视频素材右下角的⊕按钮，将视频素材添加到视频轨道中，如图1-12所示。

**STEP 02** 单击界面右上角的"导出"按钮，导出素材，如图1-13所示。

图 1-12　导入视频素材

图 1-13　导出素材

**STEP 03** 在弹出的"导出"对话框中，将"作品名称"文本框中的名称更改，如图1-14所示。

**STEP 04** 单击"导出至"右侧的按钮▢，弹出"请选择导出路径"对话框，❶选择相应的保存路径；❷单击"选择文件夹"按钮，如图1-15所示。

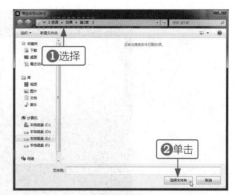

图1-14　更改作品名称　　　　　　　　　　图1-15　选择保存视频的文件夹

**STEP 05** 在"分辨率"列表框中，选择4K选项，让导出的视频素材画质更加高清，如图1-16所示。

**STEP 06** 在"码率"列表框中，选择"更高"选项，也能提高视频分辨率，如图1-17所示。

图1-16　选择4K选项　　　　　　　　　　图1-17　选择"更高"选项

**STEP 07** 选择默认的"编码"和"格式"选项，方便视频素材导出后的压缩和播放，如图1-18所示。

**STEP 08** ❶在"帧率"列表框中，选择60fps选项，让视频播放速度更加流畅；❷单击"导出"按钮，如图1-19所示。

图1-18　选择默认的"编码"和"格式"选项　　　　图1-19　设置帧率并导出

**STEP 09** 导出完成后，❶单击"西瓜视频"按钮，即可打开浏览器，发布视频至西瓜视频平台；❷单击"抖音"按钮，即可发布至抖音平台；❸如果用户不需要发布视频，则单击"关闭"按钮，即可完成视频的导出操作，如图1-20所示。

图1-20　发布/保存视频

# 1.2 影视后期操作

影视后期操作包括设置转场、视频调色、添加字幕和添加音乐等，这些也是基础的视频制作方法。本节主要为大家介绍影视后期操作。

## 1.2.1 设置转场

【效果说明】：通常一段视频素材是不需要转场的，而两段及以上的视频素材就需要设置转场了，设置转场能让视频过渡得更加自然。设置转场的效果，如图1-21所示。

案例效果　　教学视频

图1-21　设置转场的效果

**STEP 01** 单击视频素材右下角的⊕按钮，将三段素材添加到视频轨道中，如图1-22所示。

**STEP 02** 拖曳时间指示器至第一段素材和第二段素材之间的位置，如图1-23所示。

　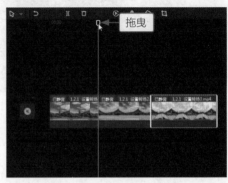

图1-22　导入视频素材　　　　图1-23　拖曳时间指示器至第一段和第二段素材之间

**STEP 03** ❶单击"转场"按钮；❷切换至"运镜转场"选项卡；❸单击"推近"转场右下角的⊕按钮，添加转场，如图1-24所示。

**STEP 04** 在"转场"操作区中拖曳滑块，设置"转场时长"为0.6s，如图1-25所示。

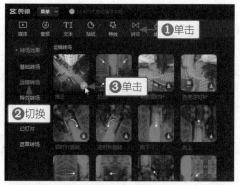
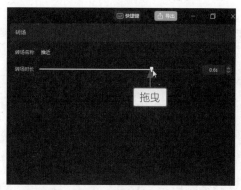

图1-24 添加转场　　　　　　　　　图1-25 设置转场时长

**STEP 05** 拖曳时间指示器至第二段素材和第三段素材之间的位置，如图1-26所示。

**STEP 06** ❶切换至"基础转场"选项卡；❷单击"色彩溶解III"转场右下角的⊕按钮，添加第二个转场，如图1-27所示。转场设置完成后，为视频添加合适的背景音乐。

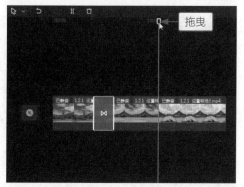
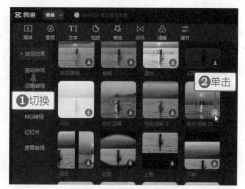

图1-26 拖曳时间指示器至第二段和第三段素材之间　　　图1-27 添加第二个转场

## 1.2.2 视频调色

【效果说明】：调色能让视频画面的色彩更加鲜明，也能突出画面中的主体，让视觉中心集中在主体上。视频调色对比效果，如图1-28所示。

案例效果　　教学视频

图1-28 视频调色对比效果

**STEP 01** 在剪映中将视频素材导入"本地"选项卡中，单击视频素材右下角的⊕按钮，将素材添加到视频轨道中，如图1-29所示。

**STEP 02** ❶单击"滤镜"按钮；❷切换至"风景"选项卡；❸单击"京都"滤镜右下角的⊕按钮，添加滤镜，进行初步调色，如图1-30所示。

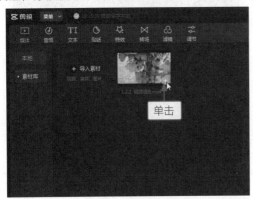

图1-29 导入视频素材

图1-30 添加滤镜

**STEP 03** 在"滤镜"操作区中拖曳滑块，设置"滤镜强度"参数为92，如图1-31所示。

**STEP 04** 调整"京都"滤镜的时长，对齐视频素材的长度，如图1-32所示。

图1-31 设置滤镜强度参数

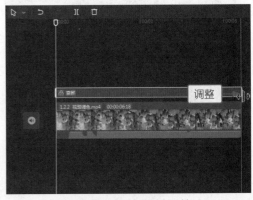

图1-32 调整滤镜的时长

**STEP 05** 选择视频素材，❶单击"调节"按钮，进入"调节"面板；❷拖曳滑块，设置"色温"参数为−5、"色调"参数为3、"饱和度"参数为3、"亮度"参数为−5、"对比度"参数为3、"光感"参数为5、"锐化"参数为3，调整画面的色彩和明度，如图1-33所示。

图1-33 调整画面的色彩和明度

STEP 06 ①切换至HSL选项卡；②选择绿色选项○；③拖曳滑块，设置"色相"参数为5、"饱和度"参数为-8，调整叶子的色彩，如图1-34所示。

图1-34 调整叶子的色彩

STEP 07 ①选择青色选项○；②拖曳滑块，设置"色相"参数为-6、"饱和度"参数为-20、"亮度"参数为-6，微微调整花朵和叶子的色彩，如图1-35所示。

图1-35 微调花朵和叶子的色彩

STEP 08 ①选择洋红色选项○；②拖曳滑块，设置"色相"参数为-4、"饱和度"参数为3、"亮度"参数为4，微微调整花朵的色彩，如图1-36所示。操作完成后，即为调色成功。

图1-36 微调花朵的色彩

## 1.2.3 添加字幕

【效果说明】：添加字幕能够让视频内容更加丰富。剪映中提供了"识别歌词"功能，能把背景音乐识别成歌词文字，非常方便。添

案例效果　　教学视频

加字幕后的效果，如图1-37所示。

图1-37　添加字幕后的效果

**STEP 01**　在剪映中，将视频素材导入"本地"选项卡中，单击视频素材右下角的➕按钮，把视频添加到视频轨道中，单击"定格"按钮▣，如图1-38所示。

**STEP 02**　调整定格素材的时长，末尾部分对齐视频00:00:02:21的位置，如图1-39所示。

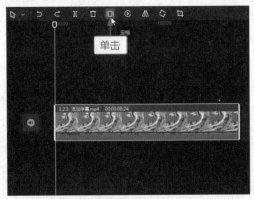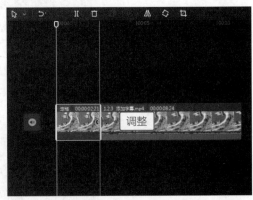

图1-38　单击"定格"按钮　　　　　　　　图1-39　调整定格素材的时长

**STEP 03**　❶单击"特效"按钮；❷切换至"基础"选项卡；❸单击"开幕"特效右下角的➕按钮，添加特效，如图1-40所示。

**STEP 04**　调整特效的时长，末尾部分对齐视频00:00:01:15的位置，如图1-41所示。

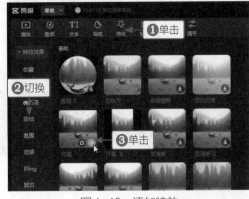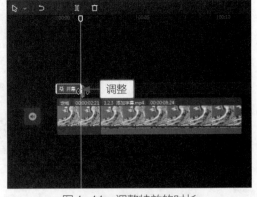

图1-40　添加特效　　　　　　　　　　图1-41　调整特效的时长

**STEP 05**　❶单击"文本"按钮；❷单击"默认文本"右下角的➕按钮，添加文本，如图1-42所示。

**STEP 06** 调整"默认文本"的时长，让末尾部分对齐定格素材的末尾位置，如图1-43所示。

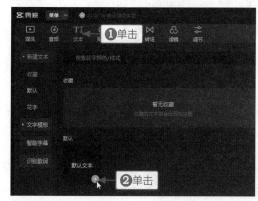
图1-42 添加文本

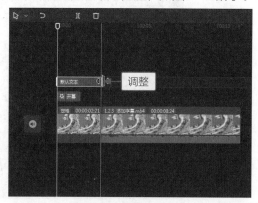
图1-43 调整文本时长

**STEP 07** ❶更换文字内容；❷选择合适的字体；❸在"预设样式"选项区中选择第一个样式选项，如图1-44所示。

图1-44 选择字体样式

**STEP 08** ❶单击"动画"按钮；❷选择"弹弓"入场动画；❸拖曳滑块，设置"动画时长"为2.0s，如图1-45所示。

图1-45 选择入场动画并设置时长

**STEP 09** ❶切换至"出场"选项卡；❷选择"闭幕"选项，如图1-46所示。设置的动画效果能让文字动起来。

图 1-46　选择出场动画

**STEP 10** 选择第二段视频素材，❶切换至"识别歌词"选项卡；❷单击"开始识别"按钮，如图1-47所示。

**STEP 11** 识别成功后，在时间线面板中会生成文字轨道，如图1-48所示。

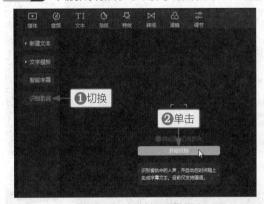

图 1-47　开始识别歌词

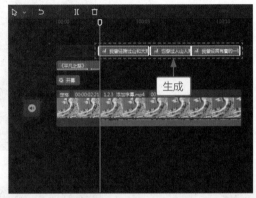

图 1-48　生成文字轨道

**STEP 12** ❶为识别的歌词文字选择合适的字体；❷在"预设样式"选项区中选择第一个选项；❸调整文字的大小，如图1-49所示。由于文字是统一编辑的，调整一段文字，即可完成全部歌词的设置。

图 1-49　设置和调整文字

**STEP 13** 拖曳时间指示器至视频起始位置，❶单击"贴纸"按钮；❷切换至"闪闪氛围"选项卡；❸单击所选贴纸右下角的 ⊕ 按钮，为开幕的文字添加贴纸，如图1-50所示。

**STEP 14** 调整贴纸时长，使其起始部分对齐视频00:00:00:27的位置，末尾部分对齐定格素材的末尾位置，如图1-51所示。所有操作完成后，即为成功添加字幕。

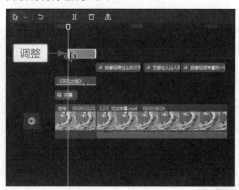

图1-50 添加贴纸　　　　　　　图1-51 调整贴纸时长

## 1.2.4 添加音乐

【效果说明】：添加背景音乐能让视频更加生动，剪映中有很多免费的音乐素材可以使用，让视频的视听效果更加震撼。添加音乐的效果，如图1-52所示。

案例效果　　　教学视频

图1-52 添加音乐的效果

**STEP 01** 单击视频素材右下角的＋按钮，把视频添加到视频轨道中，如图1-53所示。

**STEP 02** ❶单击"音频"按钮；❷切换至"酷炫"选项卡；❸单击所选音乐素材右下角的＋按钮，添加音乐，如图1-54所示。

图1-53 导入视频素材　　　　　图1-54 添加音乐

**STEP 03** ❶拖曳时间指示器至视频素材末尾位置；❷单击"分割"按钮 〓，如图1-55所示。

**STEP 04** 分割视频素材后，单击"删除"按钮 □，即可删除多余的视频片段，如图1-56所示。

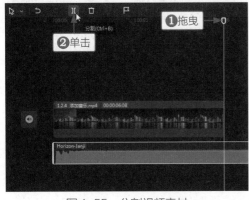
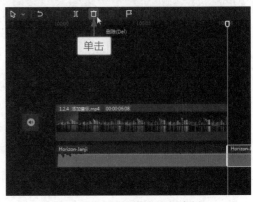

图1-55　分割视频素材　　　　　　　　　　图1-56　删除多余视频素材

**STEP 05** 拖曳滑块，设置"淡入时长"和"淡出时长"均为0.4s，让音频前后过渡得更加自然，如图1-57所示。所有操作完成后，即为成功添加音乐。

图1-57　设置淡入和淡出时长

**专家指点**

　　　　剪映的音乐素材库中有音乐分区，根据不同类型的视频可以添加不同分区中的音乐。在剪映中添加音乐的方式有很多种，除了素材库中的音乐，还可以提取其他视频中的背景音乐。此外，剪映中的音效素材非常丰富，还可以添加抖音收藏中的音乐，以及通过视频链接下载音乐。

**知识导读**

　　快节奏的生活方式，让大众很难有时间和耐心去观看一部电影，这就促进了电影解说行业的兴起，观众可以在几分钟内了解一部电影的内容。本章以实战的方式，介绍如何制作电影解说视频，包括前期准备、后期制作和投放平台的操作方法。

# 电影剪辑实战

## 本章重点索引

- 前期准备
- 后期制作
- 投放平台

## 效果欣赏

# 2.1 前期准备

在制作电影解说视频之前，需要做一些前期的准备工作，这些准备也是制作视频的具体方向。解说风格一定要提前确定好，根据风格获取电影素材和准备解说文案。有了这些前期准备，才能为制作出精美的电影解说视频提供保障。

## 2.1.1 确定解说风格

观看电影解说视频的观众，他们的品位不同、需求不同，因此电影解说市场中的风格也需要分门别类。电影解说的风格有很多种，有吐槽搞笑类的风格、有恐怖惊悚类的风格、有剧情类的风格，他们往往能够发现观众注意不到的细节，而且讲解得非常有深度。还有很多账号是做综合类电影解说的，这种解说风格涉及面广，风格不同，难以吸引精准受众，因此做得出色的并不多。

确定电影解说风格其实也是在为账号定位，新人最好从某种风格着手，风格专一才能做得精，做出个人专属的特点，当有一定的积累之后再尝试拓宽领域。如果不知道采用什么风格，我们可以先从个人兴趣出发，喜欢看什么类型的电影就做什么样的风格，这样更容易上手。我们可以根据电影的类型来确定解说风格，如图2-1所示。

图2-1 电影的类型

## 2.1.2　获取电影素材

在确定了解说风格以后，可以先选择一部合适的电影尝试做一下。前期最好选择大众一点、热门一点的电影练练手，因为这类电影观众比较熟悉，也更好接受；后期可以找一些冷门的精品电影，逐渐开拓受众。

做电影解说视频不能违反版权相关法律法规，由于近些年来全社会的版权意识越来越强，因此为了避免侵权问题，自媒体方可以先与片方申请授权。在剪辑和解说中，不能曲解电影的原意和主题，也不能有过多的负面评价。

获取授权后，我们就可以在视频平台上获取电影素材了。在视频平台上获取的电影素材可能会有一些水印，可以使用小程序去掉水印，如"快斗工具箱"等小程序，在微信搜索关键词就能找到。复制作品链接进去即可一键去除水印。

有时候视频平台中的视频格式无法导入剪辑软件，需要后期转码，过程非常烦琐，这时可以运用计算机或者手机录屏工具进行录屏。电脑录屏工具有迅捷屏幕录像工具、Windows10自带录屏工具，以及OBS录屏工具等；手机则一般都有自带的录屏功能，在设置中打开就能使用。

如果依旧无法去除水印，可以在剪映中运用贴纸功能，添加马赛克贴纸遮盖水印，也可以运用蒙版功能和添加模糊特效去除水印。在剪映中运用贴纸功能和蒙版功能去除水印的方法，如图2-2所示。

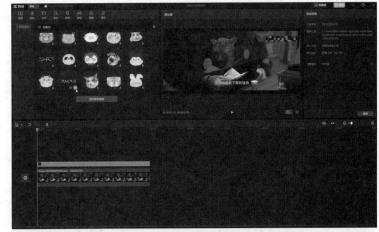

由于大部分的电影素材都会有字幕，后期解说配音之后也会添加解说字幕，因此原电影素材中的字幕最好能遮盖住，然后把配音字幕覆盖上去。遮盖方法也是按照去除水印的思路，添加马赛克贴纸盖住字幕，或者运用蒙版功能和添加模糊特效盖住字幕。学会这些小技巧，能让你的视频制作过程更加有效率。

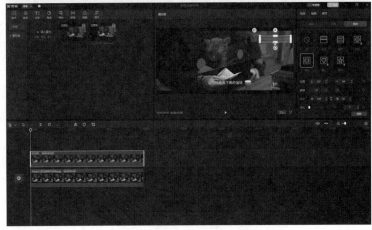

图2-2　剪映中去除水印的方法

## 2.1.3 准备解说文案

解说文案最重要的就是要原创，只有原创内容才会更有特色、更吸引观众。当然，对于刚开始做电影解说的新人来说，可以模仿其他人的解说风格，但文案绝不能抄袭。

一篇好的解说文案不仅要把电影内容说出来，还要说明白，更重要的是要把重点说清楚，毕竟电影解说视频一般只有几分钟。

文案的风格是根据电影风格而变的，比如恐怖电影的文案肯定是悬疑感十足的，剧情电影则比较偏现实或唯美。再者，还要根据电影的特点深挖不同的故事，从不同角度出发，比如电影的导演团队、演员的资料等，或者从电影的背景故事展开详细讲解。

写解说文案还要注意语言的通俗性，文字越通俗越容易被观众接受，毕竟电影解说视频是带有娱乐性质的视频，晦涩难懂的解说词会让观众失去兴趣。解说文案要逻辑清晰，重点突出，让观众一听就明白。

在文案解说中不能有太多的个人情绪，因为观众需要的是客观的评价，过于激进或者偏袒的解说都会给观众留下不好的印象。

在文案的最后最好可以回归到现实，把电影跟现实生活结合起来，让观众从电影中得到启示或者启迪，这样能增加解说文案的深度，让观众有所收获。

当然，编写解说文案也是需要熟能生巧的，最好多写多练，才能写出自己的特色，让电影解说视频更有深度，更有内涵。

电影解说文案的质量能够决定视频的好坏，因为一篇好的文案能让你的电影解说视频轻松登上热门。图2-3为"豆瓣电影"公众号中的部分文案截图。如果你没有看过《亲爱的，不要跨过那条江》这部电影，当你看完文案后，就会被其中的爱情所感动，甚至产生要去看这部电影的冲动。由此看来，解说文案的重要性是不可替代的，也是解说视频中的精神核心。

图2-3 "豆瓣电影"公众号中的部分文案截图

# 2.2　后期制作

当我们确定好了解说风格、选好电影、获取了素材，并且写好解说文案后，就可以着手制作电影解说视频了。本节以电影《肖申克的救赎》为例，介绍电影解说视频的后期制作方法，包括剪辑片段、解说配音、添加字幕和添加音乐等内容。

案例效果

## 2.2.1　剪辑片段

【效果说明】：在对电影素材进行剪辑时，最好根据文案中所提及的电影内容，对一两个小时的电影进行初步剪辑，剪辑后的各片段加起来的时长大约为几十分钟。剪辑片段后的效果，如图2-4所示。

教学视频

图2-4　剪辑片段后的效果

**STEP 01** 下载电影素材至计算机中，之后将电影素材导入剪映的"本地"选项卡中，单击电影素材右下角的⊕按钮，把素材添加到视频轨道中，如图2-5所示。

**STEP 02** ❶拖曳时间指示器至相应的位置；❷单击"分割"按钮，如图2-6所示。

图2-5　导入视频素材　　　　　　　　图2-6　分割视频

**STEP 03** 分割素材之后，❶选择多余的视频片段；❷单击"删除"按钮，如图2-7所示。

**STEP 04** 删除完成后，如果发现片段删多了，可以微微向左拖曳素材左侧的白框，留取需要的画面，如图2-8所示。这种方法比分割片段之后再删除的方法更方便一些。

**STEP 05** 用上面介绍的剪辑方法，根据文案内容，初步剪辑电影片段，如图2-9所示。

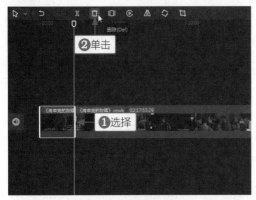

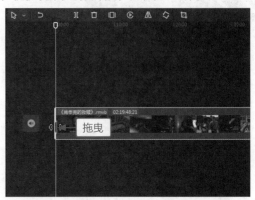

图2-7 删除多余视频片段 图2-8 拖曳素材左侧的白框留取画面

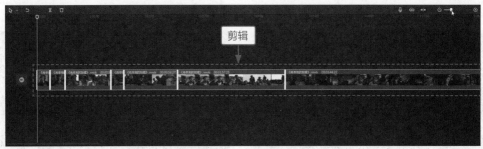

图2-9 初步剪辑片段

**STEP 06** 在剪辑时，根据文案的内容调整片段的位置，可以拖曳素材至合适的位置，❶选择要转移位置的片段；❷长按并拖曳素材，如图2-10所示。

**STEP 07** 拖曳素材至相应的位置即可，如图2-11所示。

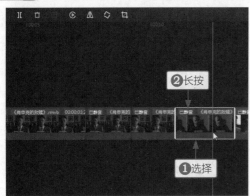

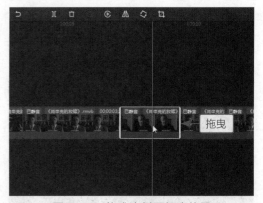

图2-10 选择并拖曳视频素材 图2-11 拖曳素材至相应位置

这里转移片段的依据，是文案中提到了法官这个形象，但这段素材中并没有法官，因此将有法官出现的电影片段转移至合适的位置，与文案的内容相呼应。

在剪辑中可以多删除一些不必要的片段，这样重要的片段就能更容易地被选择和调整。

## 2.2.2 解说配音

【**效果说明**】：片段剪辑完以后，需要把文案转换成语音，然后再导入音频。配音软件有很多种，本节主要讲解运用WPS软件中的"朗读文档"功能对视频进行配音并同步录屏的方法，然后在剪映中提取音频文件，导入视频中。解说配音的效果，如图2-12所示。

教学视频

图2-12 解说配音的效果

**STEP 01** 在WPS中打开文案文档，下拉页面，单击设备中的录屏按钮◉，进行录屏，如图2-13所示。

**STEP 02** ❶切换至"查看"选项卡；❷单击"朗读文档"按钮，进行配音，如图2-14所示。

图2-13 单击设备中的录屏按钮　　　图2-14 单击"朗读文档"按钮进行配音

**STEP 03** WPS中的系统人声朗读完所有文档内容之后，单击"退出"按钮，如图2-15所示。

**STEP 04** 单击设备中的录屏按钮◉，停止录屏，并保存录屏文件，如图2-16所示。

图2-15 朗读完成单击"退出"按钮　　　图2-16 停止录屏并保存文件

> **专家指点**
>
> 这里是用iPad设备中的WPS软件进行配音，录屏操作也是iPad设备中自带的录屏功能。最新版本的剪映也设置了"录音"功能，按钮在时间线面板的右上角。

**STEP 05** 回到剪映，按【Ctrl+A】组合键，全选所有片段，方便批量操作，如图2-17所示。

**STEP 06** ❶单击左上角的"音频"按钮；❷拖曳滑块，设置"音量"为-∞dB，使素材片段的音量为静音，如图2-18所示。

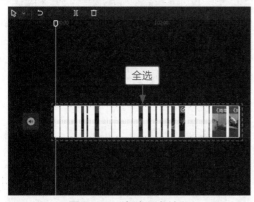

图2-17 全选所有片段

图2-18 设置音量

**STEP 07** ❶单击"音频"按钮；❷切换至"音频提取"选项卡；❸单击"导入素材"按钮，如图2-19所示。

**STEP 08** 在弹出的"请选择媒体资源"对话框中，❶选择配音素材；❷单击"打开"按钮，如图2-20所示。

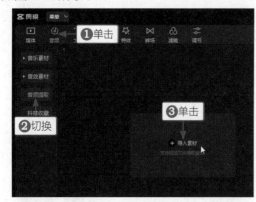

图2-19 导入音频素材

图2-20 选择配音素材并打开

**STEP 09** 导入音频素材后，单击音频素材文件右下角的⊕按钮，添加配音音频，如图2-21所示。

**STEP 10** ❶拖曳时间指示器至配音声出现的位置；❷单击"分割"按钮，如图2-22所示。

图2-21 添加配音音频

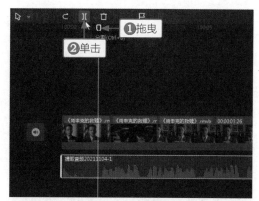

图2-22 分割音频

**STEP 11** 拖曳音频素材对齐视频起始位置，❶选择前半段没有声音的音频素材；❷单击"删除"按钮🗑，如图2-23所示。用同样的方法，删除音频素材结尾位置上多余的部分。

**STEP 12** 选择音频素材，❶在"变声"选项区中选择"女生"选项；❷设置"音量"数值为7.0dB，如图2-24所示。添加配音音频后，再仔细剪辑片段，使其对应配音中的内容。

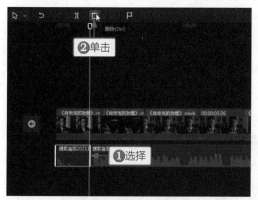

图2-23 删除音频素材

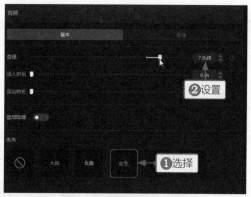

图2-24 设置声音和音量

**STEP 13** ❶拖曳时间指示器至要展示电影原声的位置上；❷单击"分割"按钮Ⅱ，如图2-25所示。

**STEP 14** ❶把分割的后半段音频素材往后拖曳，只留下电影原声片段；❷选择原声片段，如图2-26所示。

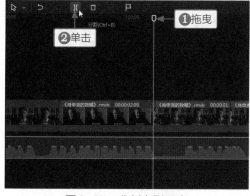

图2-25 分割电影原声

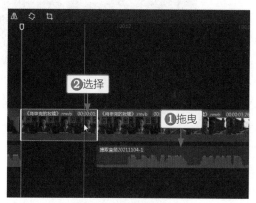

图2-26 选择原声片段

**STEP 15** ❶单击"音频"按钮；❷拖曳滑块，设置"音量"数值为0.0dB，使该片段恢复成电影原声，如图2-27所示。

**STEP 16** 用同样的方法，为后面的两个电影片段进行恢复原声处理，并设置"音量"数值为-10.0dB，如图2-28所示。上述操作完成后，即为完成解说配音工作。

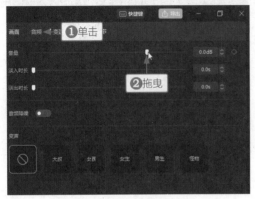

图2-27　设置音频音量

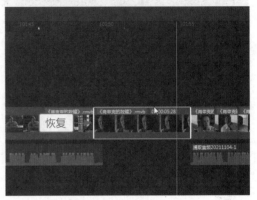

图2-28　恢复原声处理

## 2.2.3　添加字幕

【效果说明】：运用"识别字幕"功能可以识别音频中的文字，然后制作成字幕效果。在片尾还可以添加文字模板，更改模板内容，制作出独特的片尾字幕。添加字幕后的效果，如图2-29所示。

教学视频

图2-29　添加字幕后的效果

**STEP 01** 为了让短视频能够方便地在手机上观看，我们需要先更改视频的比例。单击"原始"按钮，选择9∶16选项，如图2-30所示。

**STEP 02** ❶单击"贴纸"按钮；❷在搜索栏中搜索"黑条"贴纸；❸单击所选贴纸右下角的⊕按钮，添加贴纸，如图2-31所示。

**STEP 03** 调整"黑条"贴纸的位置和大小，使其覆盖电影的原字幕，如图2-32所示。

图2-30　选择视频比例

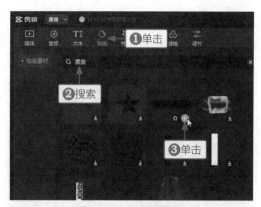

图2-31　添加贴纸

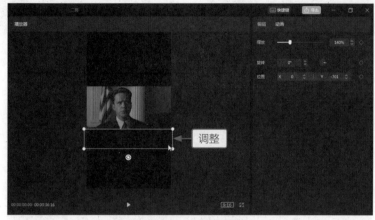

图2-32　调整贴纸

**STEP 04** ▶ 除了电影原声片段不需要覆盖字幕外，其他片段统一设置贴纸，如图2-33所示。

**STEP 05** ▶ ❶单击"关闭原声"按钮🔊，设置视频轨道中的片段为静音🔇；❷选择所有的音频素材，如图2-34所示。

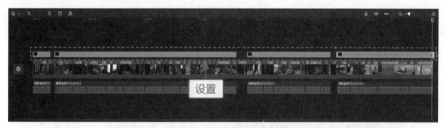

图2-33　统一设置贴纸

图2-34　关闭所有音频素材的原声

**STEP 06** ❶单击"文本"按钮；❷切换至"智能字幕"选项卡；❸在"识别字幕"对话框中单击"开始识别"按钮，识别音频中的字幕，如图2-35所示。

**STEP 07** 识别成功后，开启视频轨道中的原声，并调整字幕的位置，如图2-36所示。

图2-35 识别音频中的字幕　　　　　　图2-36 调整字幕的位置

**STEP 08** ❶单击右上角的"字幕"按钮；❷更改错字并添加合适的标点，如图2-37所示。

图2-37 更改错字并添加合适的标点

**STEP 09** 遇到带有暴力性质的文字和词语时，最好用首字母大写替换，如图2-38所示。

图2-38 用首字母大写替换文字

**STEP 10** 添加字幕后，一定要多检查几遍，避免出现错别字。检查所有字幕后，确认无误，拖曳时间指示器至视频起始位置，❶切换至"新建文本"选项卡；❷单击所选花字右下角的⊕按钮，添加花字，如图2-39所示。

**STEP 11** 调整"默认文本"的时长，对齐视频素材的末尾位置，如图2-40所示。

图2-39　添加花字

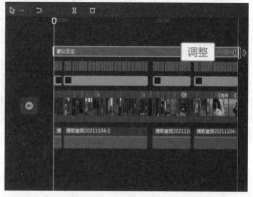

图2-40　调整文本时长对齐视频素材末尾位置

**STEP 12** ❶单击"编辑"按钮；❷输入文字内容；❸调整文字的位置，如图2-41所示。

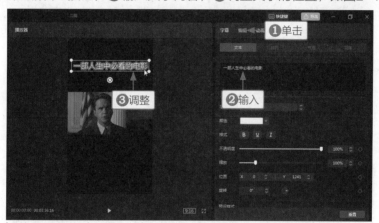

图2-41　输入并调整文字

**STEP 13** 拖曳时间指示器至视频末尾位置，❶切换至"文字模板"选项卡；❷在"精选"选项区中单击所选文字模板右下角的⊕按钮，添加文字模板，如图2-42所示。

**STEP 14** 更换文字内容，如图2-43所示。

图2-42　添加文字模板

图2-43　更换文字内容

**STEP 15** 调整文字的大小，即可成功添加片尾字幕，如图2-44所示。上述操作完成后，即为成功添加字幕。

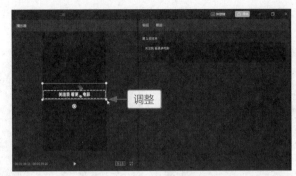

图2-44 调整文字的大小

 在剪映中有许多文字模板样式，选择合适的模板，只需更改文字即可制作专属水印样式。水印最好放在视频画面中的固定位置。

## 2.2.4 添加音乐

【效果说明】：视频中只有解说的声音会显得非常生硬，这时添加一些背景音乐，会让视频效果更加有声有色。背景音乐最好是纯音乐，音量也不能盖住配音的声音，添加音乐后的效果，如图2-45所示。

教学视频

图2-45 添加音乐后的效果

**STEP 01** ❶单击"音频"按钮；❷切换至"治愈"选项卡；❸单击所选音乐右下角的➕按钮，添加音乐，如图2-46所示。

**STEP 02** 拖曳滑块，设置"音量"数值为-5.0dB，如图2-47所示。

**STEP 03** ❶复制音乐粘贴到剩下的视频位置中；❷拖曳时间指示器至视频片段的末尾位置；❸单击"分割"按钮，如图2-48所示。

图2-46　添加音乐

图2-47　设置音量数值

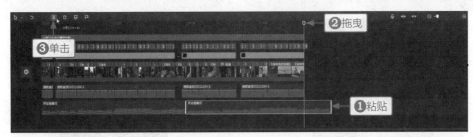

图2-48　分割音乐

**STEP 04** 单击"删除"按钮，删除多余的音频，如图2-49所示。

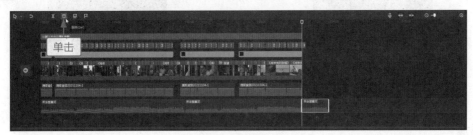

图2-49　删除多余音频

**STEP 05** ❶切换至"音效素材"选项卡；❷搜索"留个关注"音效；❸单击"叮，关注，点赞"音效右下角的+按钮，如图2-50所示。

**STEP 06** 上述操作完成后，即可添加音效，如图2-51所示。

图2-50　搜索并选择音效

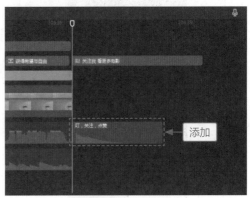

图2-51　添加音效

## 2.3 投放平台

电影解说视频剪辑完成后，就需要投放平台。本节将以在抖音平台和B站平台上投放视频为例，具体介绍投放视频的操作步骤和方法。

### 2.3.1 投放抖音平台

抖音是短视频流量非常大的平台，想要解说视频被更多人看到，在抖音投放是个不错的选择。下面介绍在抖音平台投放视频的方法。

教学视频

**STEP 01** 打开抖音App，点击 **+** 按钮，添加视频，如图2-52所示。

**STEP 02** 在"快拍"首页中，点击"相册"按钮，进入手机相册界面，如图2-53所示。

图2-52　点击添加视频

图2-53　点击"相册"按钮

**STEP 03** 选择解说视频后，点击"下一步"按钮，如图2-54所示。

**STEP 04** ❶输入文案内容并添加话题；❷点击"选封面"按钮，设置封面，如图2-55所示。

图2-54　选择视频并进入

图2-55　设置文案和封面

STEP 05 ❶切换至"样式"选项卡；❷选择"几何"样式；❸输入封面文字并调整其位置和大小；❹点击"保存"按钮，如图2-56所示。

STEP 06 设置好封面后，点击"发布"按钮，即可投放至抖音平台，如图2-57所示。

图2-56 设置并保存封面样式

图2-57 发布视频

## 2.3.2 投放 B 站平台

哔哩哔哩(B站)平台上有许多知名的影视剪辑账号，电影解说类视频的流量也很大，投放在B站平台的视频也能获得较好的效果。下面介绍在B站投放视频的方法。

教学视频

STEP 01 打开哔哩哔哩网站首页，❶将鼠标拖曳至"投稿"按钮上；❷在弹出的面板中，单击"视频投稿"按钮，如图2-58所示。

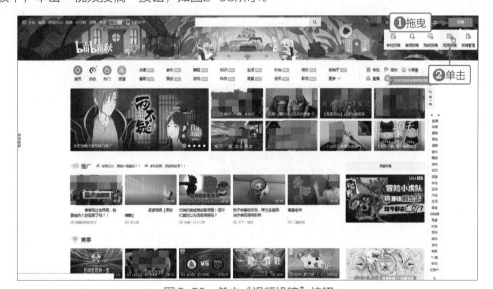

图2-58 单击"视频投稿"按钮

**STEP 02** 进入"视频投稿"页面，单击"上传视频"按钮，如图2-59所示。

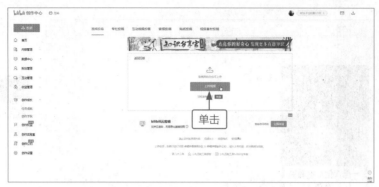

图2-59 单击"上传视频"按钮

**STEP 03** 在弹出的"选择要加载的文件"对话框中，❶选择解说视频；❷单击"打开"按钮，如图2-60所示。

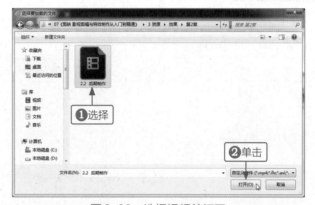

图2-60 选择视频并打开

**STEP 04** 上传视频完成后，❶单击"上传封面"按钮，上传制作好的封面；❷输入"标题"内容；❸在"分区"列表框中，选择"影视→影视剪辑"选项；❹添加"标签"；❺输入"简介"内容；❻单击"立即投稿"按钮，即可把视频投放到B站平台，如图2-61所示。

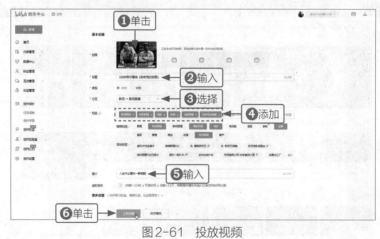

图2-61 投放视频

## 知识导读

在武侠片中，各种道具效果和武术演示都需要特效来完善。比如，电影、电视剧中的各种刀剑特效、功夫特效等，以达到精彩绝伦的武侠画面。本章主要介绍如何制作出武侠片中的特效。

3 CHAPTER

## 第3章

# 武侠片特效

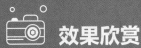

## 本章重点索引

■ 道具特效

■ 功夫特效

## 效果欣赏

# 3.1 道具特效

各种武侠片里出现最多的就是主角使用剑的画面，剑怎么出来、怎么出招、出招的动作，这些都是武侠片要重点展示的。本节主要为大家介绍接剑特效、剑影特效和剑气特效的制作方法。

## 3.1.1 接剑特效

【效果说明】：在制作接剑特效之前，需要先制作一张木剑的抠图素材，可使用PS软件或者手机中的醒图App进行抠图。完成后的木剑是一个独立的素材，可在视频中以各种方式展示出来。接剑特效的效果，如图3-1所示。

案例效果　　　教学视频

图3-1　接剑特效的效果

**STEP 01** 在手机中打开醒图App，点击"导入"按钮，如图3-2所示。

**STEP 02** 在相册中选择一张背景干净的木剑图片素材，❶切换至"人像"选项卡；❷点击"抠图"按钮，如图3-3所示。

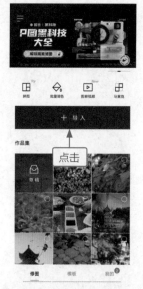 

图3-2　点击"导入"按钮　　图3-3　点击"抠图"按钮

**STEP 03** 进入"抠图"界面，❶点击"智能抠图"按钮；❷剑的形状全部变绿后，点击✔按钮确认抠图，如图3-4所示。

**STEP 04** 抠图完成后，点击右上角的↓按钮，保存素材，如图3-5所示。

图3-4　确认抠图　　　　　　　　　　　　图3-5　保存抠图素材

**STEP 05** 打开剪映，把拍摄的起身拿剑视频素材和木剑抠图素材导入"本地"选项卡中，单击视频素材右下角的⊕按钮，把素材添加到视频轨道中，如图3-6所示。在拍摄人物视频素材时，要注意主角起身张手时不能动，另一个人需要把剑递给主角，然后拍摄主角拿剑的姿势。

**STEP 06** ❶拖曳时间指示器至视频00:00:01:22人物跳下的位置；❷单击"分割"按钮❙❙，把素材分割成两段，如图3-7所示。

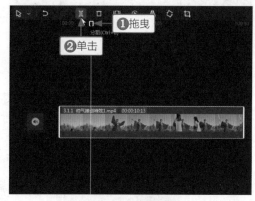

图3-6　导入视频素材　　　　　　　　　　图3-7　分割素材

**STEP 07** ❶拖曳时间指示器至视频00:00:04:05人物站稳后张手的位置；❷单击"分割"按钮❙❙，把素材分割成三段，如图3-8所示。

**STEP 08** 把另一个人递剑给主角和结尾多余的部分分割出来，❶选择第二段、第四段和第六段视频素材；❷单击"删除"按钮🗑，删除多余的素材，如图3-9所示。

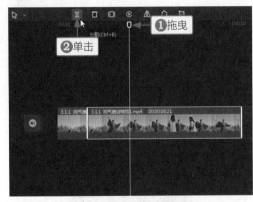

图3-8　把素材分割成三段

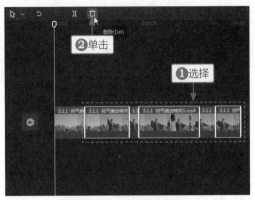

图3-9　删除多余素材

**STEP 09** ❶把木剑抠图素材拖曳至画中画轨道中，并对齐第二段素材的起始位置；❷向左拖曳木剑素材右侧的白框，使其末尾位置对齐第二段素材的末尾位置，如图3-10所示。

**STEP 10** 拖曳时间线面板上的滑块，放大素材轨道，并拖曳时间指示器至木剑素材起始偏右一点的位置，方便添加关键帧，如图3-11所示。

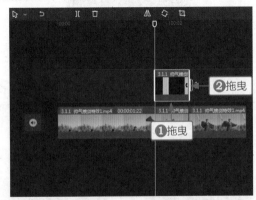

图3-10　导入抠图素材并对齐

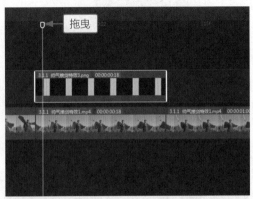

图3-11　拖曳时间指示器至相应位置

**STEP 11** ❶单击"位置""旋转"和"缩放"右侧的◇按钮，添加三个关键帧◆；❷旋转木剑素材的角度为180°，并调整木剑素材的大小和位置至画面右侧，如图3-12所示。

图3-12　添加关键帧并调整木剑素材

**STEP 12** 拖曳时间指示器至木剑素材的末尾位置，调整木剑的大小、角度和位置，使其刚好覆盖手握木剑的位置，"位置""旋转"和"缩放"右侧会自动生成关键帧◆，如图3-13所示。

**STEP 13** 拖曳时间指示器至视频素材起始位置，❶单击"特效"按钮；❷切换至"基础"选项卡；❸单击"变清晰"特效右下角的⊕按钮，添加第一段特效，如图3-14所示。

**STEP 14** 拖曳"变清晰"特效右侧的白框调整时长，对齐第一段素材的末尾位置，如图3-15所示。

图3-13　调整木剑的大小、角度和位置

图3-14　添加第一段特效

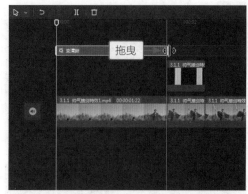

图3-15　调整"变清晰"特效的时长

**STEP 15** 拖曳时间指示器至第一段素材的末尾位置，❶切换至"动感"选项卡；❷单击"灵魂出窍"特效右下角的⊕按钮，添加第二段特效，如图3-16所示。

**STEP 16** 调整"灵魂出窍"特效的时长，对齐第二段视频素材的时长，如图3-17所示。

图3-16　添加第二段特效

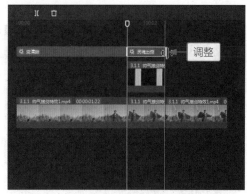

图3-17　调整"灵魂出窍"特效的时长

**STEP 17** 拖曳时间指示器至第二段素材的末尾位置，在"特效"功能区中单击"抖动"特效右

下角的 + 按钮，添加第三段特效，如图3-18所示。

**STEP 18** 调整"抖动"特效的时长，对齐第三段视频素材的时长，如图3-19所示。

图3-18 添加第三段特效

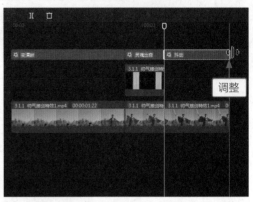

图3-19 调整"抖动"特效的时长

**STEP 19** 拖曳时间指示器至视频起始位置，❶单击"滤镜"按钮；❷切换至"影视级"选项卡；❸单击"青橙"滤镜右下角 + 按钮，为视频调色，如图3-20所示。

**STEP 20** 调整"青橙"滤镜的时长，对齐整段视频的时长，如图3-21所示。

图3-20 调整视频颜色

图3-21 调整"青橙"滤镜的时长

**STEP 21** 拖曳滑块，设置"滤镜强度"参数为80，让滤镜效果更加自然，如图3-22所示。

**STEP 22** ❶单击"音频"按钮；❷切换至"抖音收藏"选项卡；❸单击所选音乐右下角的 + 按钮，添加背景音乐，如图3-23所示。

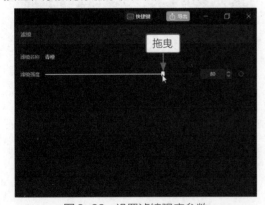

图3-22 设置滤镜强度参数

图3-23 添加背景音乐

**STEP 23** ❶拖曳时间指示器至音频00:00:03:22的位置；❷单击"分割"按钮 ⅠⅠ，分割音频素材，如图3-24所示。

**STEP 24** ❶选择第一段音频素材；❷单击"删除"按钮 🔲，删除多余的音频，如图3-25所示。

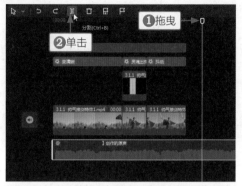

图3-24　分割音频素材

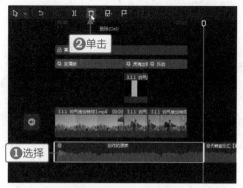

图3-25　删除多余素材

**STEP 25** ❶拖曳音频素材，使其对齐视频的起始位置；❷拖曳时间指示器至视频末尾位置；❸单击"分割"按钮 ⅠⅠ，分割音频，如图3-26所示。

**STEP 26** ❶选择第二段音频素材；❷单击"删除"按钮 🔲，删除多余的音频，使音频节奏对准视频画面，如图3-27所示。执行上述操作后，即可完成特效的制作。

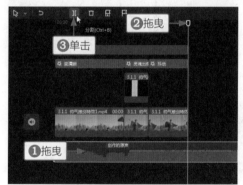

图3-26　分割音频

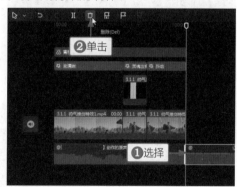

图3-27　对准音频节奏与视频画面

## 3.1.2　剑影特效

【效果说明】：运剑时产生幻影是很多武侠片中常见的特效，幻影叠加效果能让主角的功夫招式更加奇幻和具有观赏性。剑影特效的效果，如图3-28所示。

案例效果

教学视频

**STEP 01** ❶把拍摄的运剑视频素材导入"本地"选项卡中，单击视频素材右下角的 ➕ 按钮，把素材添加到视频轨道中，如图3-29所示。

**STEP 02** ❶拖曳时间指示器至视频00:00:09:07收剑结尾的位置；❷单击"分割"按钮 ⅠⅠ，分割素材，如图3-30所示。

**STEP 03** ❶拖曳滑块，放大时间线面板至最大；❷拖曳时间指示器至视频2f的位置；❸复制第一段视频，粘贴至第一条画中画轨道中，如图3-31所示。

图3-28　剑影特效的效果

图3-29　导入视频素材

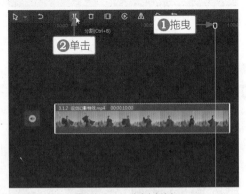

图3-30　分割素材

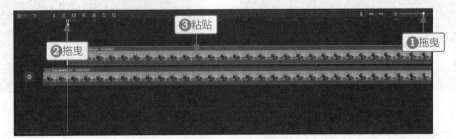

图3-31　复制第一段视频粘贴至第一条画中画轨道

**STEP 04** ❶拖曳时间指示器至视频4f的位置；❷复制第一段视频，粘贴至第二条画中画轨道中，如图3-32所示。

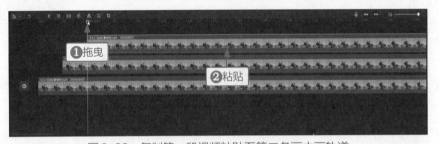

图3-32　复制第一段视频粘贴至第二条画中画轨道

STEP 05 ▶ 用同样的方法，在视频6f和8f的位置复制和粘贴同段素材，如图3-33所示。

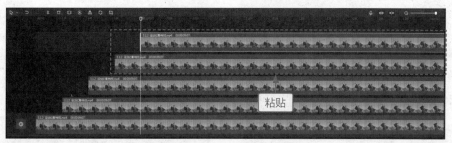

图3-33　复制和粘贴同段素材

STEP 06 ▶ 拖曳滑块，设置第四条画中画轨道中素材的"不透明度"参数为20%，如图3-34所示。同理，设置第三条画中画轨道中素材的"不透明度"参数为40%、第二条画中画轨道中素材的"不透明度"参数为60%、第一条画中画轨道中素材的"不透明度"参数为80%。

图3-34　设置第四条画中画轨道中素材的"不透明度"参数

STEP 07 ▶ ❶拖曳时间指示器至第一段视频素材的末尾位置；❷调整四条画中画轨道中素材的时长，使其末尾位置对齐视频轨道中第一段素材的末尾位置，如图3-35所示。

图3-35　调整四条画中画轨道中素材的时长

STEP 08 ▶ 拖曳时间指示器至视频起始位置，❶单击"音频"按钮；❷切换至"抖音收藏"选项卡；❸单击所选音乐右下角的⊕按钮，添加背景音乐，如图3-36所示。

STEP 09 ▶ ❶拖曳时间指示器至视频末尾位置；❷单击"分割"按钮▐▌，分割音频，如图3-37所示。

STEP 10 ▶ 单击"删除"按钮▮，删除第二段多余的音频，如图3-38所示。

STEP 11 ▶ 拖曳时间指示器至第一段视频素材末尾偏左一点的位置，如图3-39所示。

图3-36　添加背景音乐

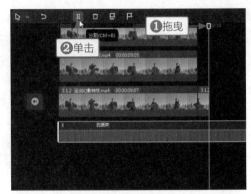

图3-37　分割音频

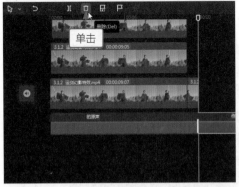

图3-38　删除第二段多余音频

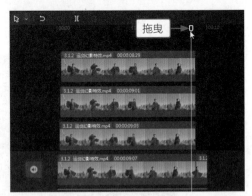

图3-39　拖曳时间指示器至相应位置

**STEP 12** ①单击"特效"按钮；②切换至"动感"选项卡；③单击"灵魂出窍"特效右下角的⊕按钮，添加特效，如图3-40所示。

**STEP 13** 调整"灵魂出窍"特效的时长，对齐第二段视频素材的末尾位置，如图3-41所示。执行上述操作后，即可完成特效的制作。

图3-40　添加"灵魂出窍"特效

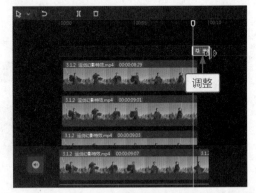

图3-41　调整"灵魂出窍"特效的时长

## 3.1.3　剑气特效

【效果说明】：在电影中，人物在挥剑时常会有剑气，让影片中的人看起来功夫特别厉害，效果也更具震慑力。剑气特效的效果，如图3-42所示。

案例效果　　教学视频

图3-42　剑气特效的效果

**STEP 01** 将拍摄的运剑视频素材导入"本地"选项卡中，单击视频素材右下角的⊕按钮，把素材添加到视频轨道中，如图3-43所示。

**STEP 02** ❶拖曳时间指示器至视频00:00:00:20人物开始挥剑的位置；❷把剑气特效素材拖曳至画中画轨道中，如图3-44所示。

图3-43　导入视频素材

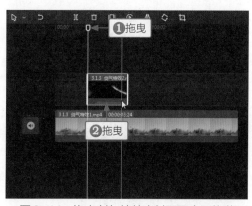

图3-44　拖曳剑气特效素材至画中画轨道

**STEP 03** ❶在"混合模式"列表框中，选择"滤色"选项；❷调整剑气特效素材的角度、位置和大小，使其刚好在挥剑时出现，如图3-45所示。

图3-45　设置和调整剑气特效

**STEP 04** 拖曳时间指示器至视频起始位置，❶单击"滤镜"按钮；❷切换至"影视级"选项卡；❸单击"青橙"滤镜右下角的⊕按钮，为视频调色，如图3-46所示。

**STEP 05** 调整"青橙"滤镜的时长，对齐视频素材的末尾位置，如图3-47所示。

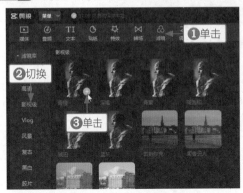

图3-46 添加"青橙"滤镜

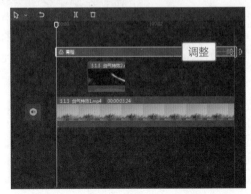

图3-47 调整"青橙"滤镜的时长

**STEP 06** ❶单击"音频"按钮；❷切换至"抖音收藏"选项卡；❸单击所选音乐右下角的⊕按钮，添加背景音乐，如图3-48所示。

**STEP 07** ❶拖曳时间指示器至视频素材的末尾位置；❷单击"分割"按钮Ⅱ，分割音频，如图3-49所示。

图3-48 添加背景音乐

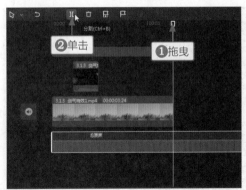

图3-49 分割音频

**STEP 08** 单击"删除"按钮▢，删除多余的音频，如图3-50所示。

**STEP 09** 拖曳时间指示器至视频00:00:01:24的位置，如图3-51所示。

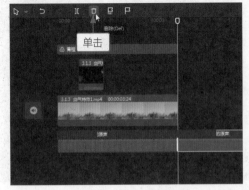

图3-50 删除多余音频

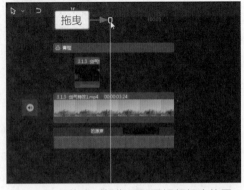

图3-51 拖曳时间指示器至视频相应位置

**STEP 10** ❶单击"特效"按钮；❷切换至"动感"选项卡；❸单击"心跳"特效右下角的⊕按钮，添加特效，如图3-52所示。

**STEP 11** 调整"心跳"特效的时长，对齐视频素材的末尾位置，如图3-53所示。执行上述操作后，即可完成特效的制作。

图3-52 添加"心跳"特效

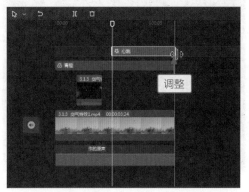

图3-53 调整"心跳"特效的时长

# 3.2 功夫特效

在武侠片中，很多功夫的表现都是通过后期合成技术制作的。本节主要为大家介绍轻功水上漂特效、凌波微步特效、手打水花特效和碎地特效的制作方法。

## 3.2.1 轻功水上漂特效

【效果说明】：轻功水上漂特效主要运用抠图功能及后期合成的技术，再加入水花特效素材，使整体效果更加逼真。轻功水上漂特效的效果，如图3-54所示。

案例效果　教学视频

图3-54 轻功水上漂特效的效果

**STEP 01** 把湖面空背景视频素材、人物在空地上跑步的视频素材和水花特效素材导入"本地"选项卡中，单击湖面素材右下角的➕按钮，把素材添加到视频轨道中，如图3-55所示。

**STEP 02** 把人物跑步的素材拖曳至画中画轨道中，如图3-56所示。

图3-55 导入视频素材

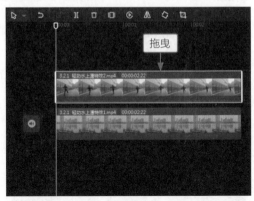

图3-56 拖曳人物素材至画中画轨道

**STEP 03** ❶切换至"抠像"选项卡；❷单击"智能抠像"按钮，把人物抠出来，如图3-57所示。

图3-57 抠出人像

**STEP 04** ❶切换至"基础"选项卡；❷根据湖面范围的大小，调整人物的位置和大小，如图3-58所示。

图3-58 调整人物的位置和大小

**STEP 05** 拖曳时间指示器至视频00:00:02:16的位置，单击"不透明度"右侧的◇按钮，添加关键帧◆，如图3-59所示。

图3-59　添加关键帧

**STEP 06** 拖曳时间指示器至视频素材的末尾位置，拖曳滑块，设置"不透明度"参数为0%，"不透明度"右侧会自动添加关键帧◆，制作人物渐渐消失的效果，如图3-60所示。

图3-60　设置"不透明度"参数

**STEP 07** 拖曳时间指示器至视频素材的起始位置，❶单击"音频"按钮；❷切换至"抖音收藏"选项卡；❸单击所选音乐右下角的●按钮，添加背景音乐，如图3-61所示。

**STEP 08** ❶拖曳时间指示器至音频00:00:06:07的位置；❷单击"分割"按钮，分割音频，如图3-62所示。

图3-61　添加背景音乐

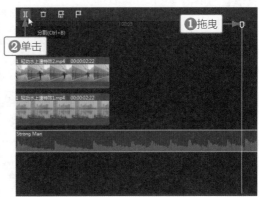

图3-62　分割音频

**STEP 09** ❶选择第一段音频素材；❷单击"删除"按钮，删除第一段音频素材，如图3-63

所示。

STEP 10 ①拖曳音频素材，使其对齐视频素材的起始位置；②拖曳时间指示器至视频素材的末尾位置；③单击"分割"按钮 ⅠⅠ，分割音频，如图3-64所示。

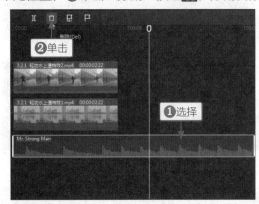

图3-63 删除第一段音频

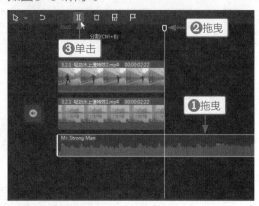

图3-64 分割音频

STEP 11 单击"删除"按钮 ，删除第二段音频素材，如图3-65所示。

STEP 12 拖曳时间指示器至人物踩水的位置，把水花素材拖曳至第一条画中画轨道中，如图3-66所示。

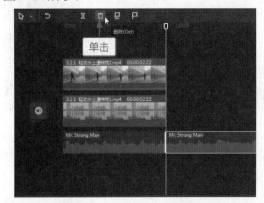

图3-65 删除第二段音频

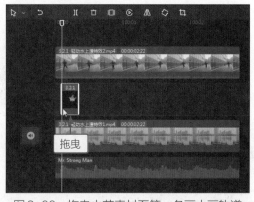

图3-66 拖曳水花素材至第一条画中画轨道

STEP 13 ①在"混合模式"列表框中，选择"滤色"选项；②调整水花素材的大小和位置，使其处于人物踩水的位置，如图3-67所示。

STEP 14 用同样的方法，为其他人物踩水的位置添加水花素材，并调整其大小和位置，如图3-68所示。执行上述操作后，即

图3-67 设置和调整水花素材

可完成特效的制作。

图 3-68　添加水花素材

## 3.2.2 凌波微步特效

【效果说明】：凌波微步特效的制作，需要多段视频素材的合成，通过降低不透明度，制作出人物虚影的效果，展示出武功虚无缥缈的特性。凌波微步特效的效果，如图3-69所示。

案例效果　　教学视频

图 3-69　凌波微步特效的效果

**STEP 01** 把人物在空地上跑步的视频素材导入"本地"选项卡中，单击素材右下角的 ➕ 按钮，把素材添加到视频轨道中，如图3-70所示。

**STEP 02** ❶单击"变速"按钮；❷在"常规变速"选项卡中，拖曳滑块，设置"倍数"参数为2.4x，让人物跑步的速度加快一些，如图3-71所示。

图3-70 导入视频素材　　　　　　　　图3-71 设置"倍数"参数

**STEP 03** ❶拖曳滑块，放大时间线面板至最大；❷拖曳时间指示器至视频2f的位置；❸复制第一段视频粘贴至第一条画中画轨道中，如图3-72所示。

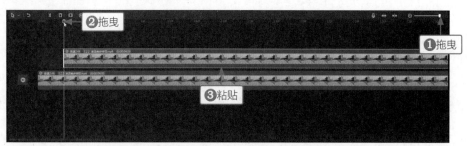

图3-72 复制第一段视频粘贴至第一条画中画轨道

**STEP 04** 用同样的方法，在视频4f和6f的位置复制和粘贴同段素材，如图3-73所示。

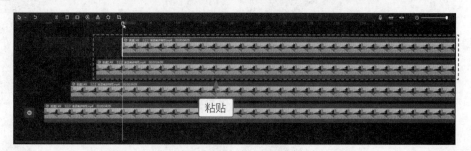

图3-73 在视频4f和6f的位置复制和粘贴同段素材

**STEP 05** 拖曳滑块，设置"不透明度"参数为50%，如图3-74所示。用同样的方法，为其他画中画轨道中的素材都设置"不透明度"参数。

**STEP 06** 拖曳时间指示器至视频00:00:04:09的位置，如图3-75所示。

**STEP 07** ❶单击"特效"按钮；❷切换至"动感"选项卡；❸单击"迷离"特效右下角的⊕按钮，为结尾画面添加特效，如图3-76所示。

图3-74 设置"不透明度"参数

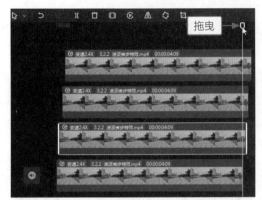

图3-75 拖曳时间指示器至相应位置

图3-76 添加"迷离"特效

**STEP 08** 调整"迷离"特效的时长，对齐视频素材的末尾位置，如图3-77所示。

**STEP 09** 拖曳时间指示器至视频起始位置，❶单击"音频"按钮；❷切换至"抖音收藏"选项卡；❸单击所选音乐右下角的+按钮，添加背景音乐，如图3-78所示。

图3-77 调整"迷离"特效的时长

图3-78 添加背景音乐

**STEP 10** ❶拖曳时间指示器至音频00:00:00:06的位置；❷单击"分割"按钮▮▮，分割音频，如图3-79所示。

**STEP 11** ❶选择第一段音频；❷单击"删除"按钮▯，删除第一段音频，如图3-80所示。

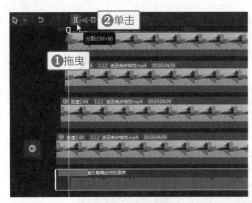

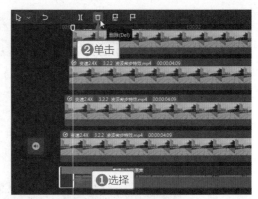

图3-79 分割音频 　　　　　　　　　　　图3-80 删除第一段音频

**STEP 12** ❶拖曳音频素材，使其对齐视频素材的起始位置；❷拖曳时间指示器至视频素材末尾位置；❸单击"分割"按钮Ⅱ，分割音频，如图3-81所示。

**STEP 13** 单击"删除"按钮🗑，删除多余的音频素材，如图3-82所示。执行上述操作后，即可完成特效的制作。

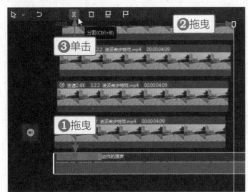

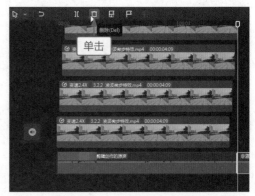

图3-81 再次分割音频 　　　　　　　　　　图3-82 删除多余音频素材

## 3.2.3 手打水花特效

【效果说明】：在武侠片中，常常出现高手在水边对战的情景，水花特效则是必不可少的，能让片中人物的功夫显得更加出神入化。手打水花特效的效果，如图3-83所示。

案例效果　教学视频

图3-83 手打水花特效的效果

**STEP 01** 把人物对着水中发力的视频素材和水花特效素材导入"本地"选项卡中，单击人物素材右下角的⊕按钮，把素材添加到视频轨道中，如图3-84所示。

**STEP 02** ❶拖曳时间指示器至视频00:00:01:28的位置；❷把水花素材拖曳至画中画轨道中，如图3-85所示。

图3-84 导入视频素材

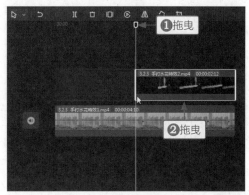

图3-85 把水花素材拖曳至画中画轨道

**STEP 03** ❶在"混合模式"列表框中，选择"滤色"选项；❷调整水花素材的位置，使其刚好处于发力之后的位置，如图3-86所示。

**STEP 04** 拖曳时间指示器至视频起始位置，❶单击"音频"按钮；❷切换至"抖音收藏"选项卡；❸单击所选音乐右下角的⊕按钮，添加背景音乐，如图3-87所示。

图3-86 设置和调整水花素材

**STEP 05** ❶拖曳时间指示器至视频末尾位置；❷单击"分割"按钮 Ⅱ，分割音频，如图3-88所示。

图3-87 添加背景音乐

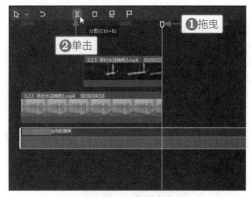

图3-88 分割音频

**STEP 06** 单击"删除"按钮 🗑，删除多余的音频，如图3-89所示。

**STEP 07** 拖曳时间指示器至视频00:00:01:28的位置，如图3-90所示。

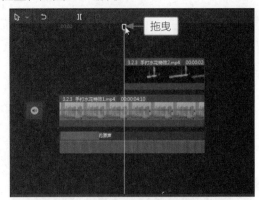

图3-89 删除多余音频      图3-90 拖曳时间指示器至相应位置

**STEP 08** ❶切换至"音效素材"选项卡；❷搜索"砸水"音效；❸单击"水爆砸水"音效右下角的➕按钮，添加音效，如图3-91所示。

**STEP 09** ❶拖曳时间指示器至视频末尾位置；❷单击"分割"按钮 $\rm{II}$，分割音效，如图3-92所示。

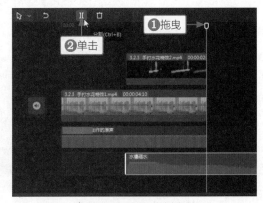

图3-91 添加"水爆砸水"音效      图3-92 再次分割音效

**STEP 10** 单击"删除"按钮 $\square$，删除多余的音效，如图3-93所示。

**STEP 11** 选择音效素材，拖曳滑块，设置"音量"数值为10.0dB，放大音效的声音，如图3-94所示。执行上述操作后，即可完成特效的制作。

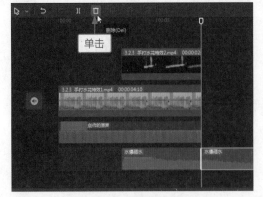

图3-93 删除多余音效      图3-94 设置"音量"数值

## 3.2.4 碎地特效

【效果说明】：拍碎地面是武侠片中常见的一种特效，仿佛剧中人物掌力无穷一般，制作碎地特效可利用合成技术实现最终效果。碎地特效的效果，如图3-95所示。

案例效果

教学视频

图3-95　碎地特效的效果

**STEP 01** 把人物运掌拍地的视频素材和碎地特效绿幕素材导入"本地"选项卡中，单击人物素材右下角的⊕按钮，把素材添加到视频轨道中，如图3-96所示。

**STEP 02** ❶拖曳时间指示器至视频00:00:02:04人物手掌刚好拍地的位置；❷把碎地绿幕素材拖曳至画中画轨道中，如图3-97所示。

图3-96　导入视频素材

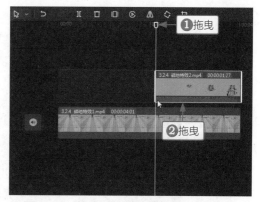

图3-97　拖曳碎地绿幕素材至画中画轨道

**STEP 03** ❶切换至"抠像"选项卡；❷选中"色度抠图"复选框；❸单击"取色器"按钮 ✐ 进行取色；❹拖曳圆环，在画面中取样绿色色彩，如图3-98所示。

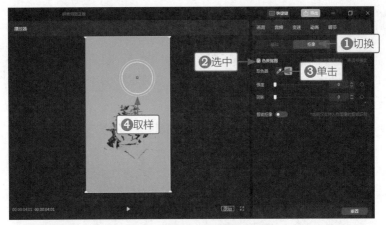

图 3-98　在画面中取样绿色色彩

**STEP 04** 拖曳滑块，设置"强度"和"阴影"参数为100，如图3-99所示。

图 3-99　设置"强度"和"阴影"参数

**STEP 05** 碎地特效抠出来之后，❶切换至"基础"选项卡；❷调整碎地素材的位置和大小，使其更贴合手掌发力的位置，如图3-100所示。

图 3-100　调整碎地素材

**STEP 06** ❶单击"调节"按钮；❷切换至HSL选项卡；❸选择黄色⭕选项；❹拖曳滑块，设置"色相"参数为-100，让碎地效果更加自然，如图3-101所示。

图3-101　设置"色相"参数

**STEP 07** ❶选择绿色◯选项；❷拖曳滑块，设置"色相"参数和"饱和度"参数都为100，让碎地效果更真实，如图3-102所示。

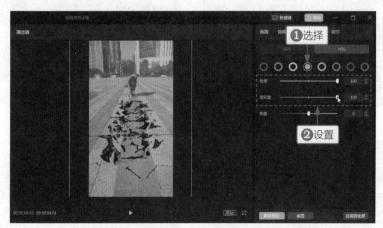

图3-102　设置"色相"和"饱和度"参数

**STEP 08** 拖曳时间指示器至视频起始位置，❶单击"音频"按钮；❷切换至"卡点"选项卡；❸单击所选音乐右下角的⊕按钮，添加背景音乐，如图3-103所示。

**STEP 09** ❶拖曳时间指示器至视频00:00:02:01的位置；❷单击"分割"按钮▯▮，分割音频，如图3-104所示。

**STEP 10** 单击"删除"按钮▯，删除多余的音频，如图3-105所示。

**STEP 11** 拖曳时间指示器至视频起始位置，❶单击"滤镜"按钮；❷切换至"复古"选项卡；❸单击"普林斯顿"滤镜右下角的⊕按钮，为视频调色，如图3-106所示。

**STEP 12** 调整"普林斯顿"滤镜的时长，对齐视频素材的末尾位置，如图3-107所示。

**STEP 13** 拖曳滑块，设置"滤镜强度"参数为77，让滤镜效果更加自然，如图3-108所示。执行上述操作后，即可完成特效的制作。

图 3-103　添加背景音乐

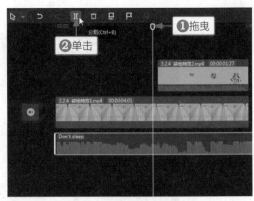

图 3-104　分割音频

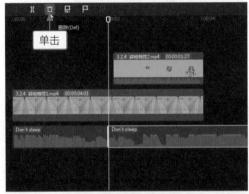

图 3-105　删除多余音频

图 3-106　添加"普林斯顿"滤镜

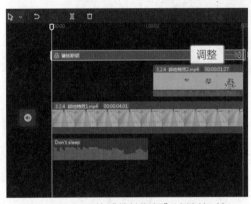

图 3-107　调整"普林斯顿"滤镜的时长

图 3-108　设置"滤镜强度"参数

**知识导读**

　　很多人喜欢看仙侠片，其中各种特效，比如御剑飞行、召唤神兽、变身等情节，让人印象深刻。本章从这几个方面出发，介绍如何制作仙侠特效，包括御剑特效、召唤特效和变身特效的制作方法，帮助读者制作出更多精彩的仙侠特效。

4 CHAPTER

# 第4章

# 仙侠片特效

## 本章重点索引

- 御剑特效
- 召唤特效
- 变身特效

## 效果欣赏

# 4.1 御剑特效

在仙侠剧里，御剑的画面中最有代表性的就是御剑飞行和御剑出招了，效果都是非常惊艳的。本节就为大家介绍御剑飞行特效和御剑出招特效的制作方法。

## 4.1.1 御剑飞行特效

【效果说明】：制作御剑飞行特效，需要通过抠图和合成等后期技术完成特效的制作。御剑飞行特效的效果，如图4-1所示。

案例效果　　教学视频

图4-1　御剑飞行特效的效果

**STEP 01** 把人物飞行的视频素材和御剑特效素材导入"本地"选项卡中，单击御剑特效素材右下角的+按钮，把素材添加到视频轨道中，如图4-2所示。

**STEP 02** 拖曳人物飞行的视频素材至画中画轨道中，并对齐御剑素材的时长，如图4-3所示。

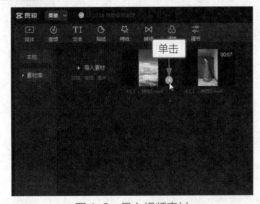
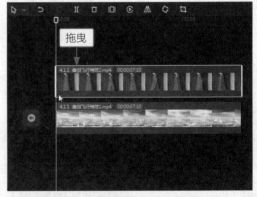

图4-2　导入视频素材　　　　　　图4-3　拖曳人物素材至画中画轨道

**STEP 03** ❶切换至"抠像"选项卡；❷单击"智能抠像"按钮，把人像抠出来，如图4-4所示。

图4-4　抠出人像

**STEP 04** ❶切换至"基础"选项卡；❷单击"位置"右侧的 ◇ 按钮，添加关键帧 ◆；❸调整人物素材的大小和位置，使其处于画面右边偏上一点的位置，如图4-5所示。

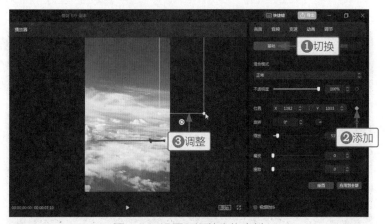

图4-5　设置和调整人物素材

**STEP 05** 拖曳时间指示器至视频00:00:00:13的位置，调整人物素材的位置，使其处于剑的中间位置，如图4-6所示。

图4-6　调整人物素材的位置

**STEP 06** ❶切换至"素材库"选项卡；❷搜索"凤凰"素材；❸下载一款合适的凤凰素材，

如图4-7所示。

**STEP 07** 拖曳下载好的凤凰素材至第二条画中画轨道中，如图4-8所示。

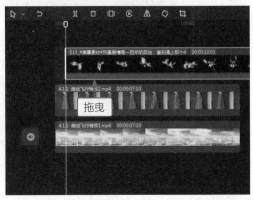

图4-7　下载凤凰素材　　　　　　　　　　　图4-8　拖曳凤凰素材至第二条画中画轨道

**STEP 08** ❶单击"变速"按钮；❷在"常规变速"选项卡中拖曳滑块，设置"倍数"参数为0.6x，让凤凰展翅飞行的动作变慢一些，如图4-9所示。

图4-9　设置"倍数"参数

**STEP 09** ❶拖曳时间指示器至视频素材的末尾位置；❷单击"分割"按钮 ，分割素材，如图4-10所示。

**STEP 10** 单击"删除"按钮 ，删除多余的凤凰素材，如图4-11所示。

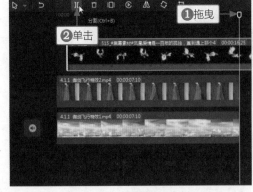

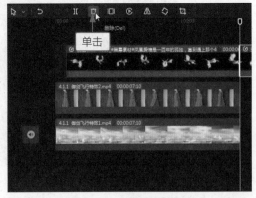

图4-10　分割视频素材　　　　　　　　　　　图4-11　删除多余素材

**STEP 11** ❶单击"画面"按钮；❷在"混合模式"列表框中，选择"滤色"选项；❸调整凤凰素材的大小和位置，使其处于人物的头顶之上，如图4-12所示。

图4-12 设置和调整凤凰素材

**STEP 12** ❶单击"音频"按钮；❷拖曳滑块，设置"音量"参数为-∞dB，将凤凰素材调整为静音，如图4-13所示。

图4-13 设置"音量"参数

**STEP 13** 拖曳时间指示器至视频起始位置，❶单击"音频"按钮；❷切换至"抖音收藏"选项卡；❸单击所选音乐右下角的➕按钮，添加背景音乐，如图4-14所示。

**STEP 14** ❶拖曳时间指示器至视频素材末尾位置；❷单击"分割"按钮▮▮，分割音频；❸单击"删除"按钮▯，删除多余的音频，如图4-15所示。执行上述操作后，即可完成特效的制作。

图4-14 添加背景音乐

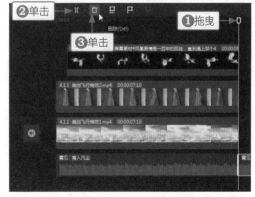

图4-15 分割和删除音频

## 4.1.2 御剑出招特效

【效果说明】：御剑出招是仙侠剧中常见的特效，包括实体的和虚幻的光剑特效。在制作时，不管剑是什么样子，人物的动作一定要配合得当，才能合成理想的御剑出招特效。如果特效的位置没有对上人物指示的位置，或者比人物出招的速度快了或慢了，都需要后期分段进行调整，只有仔细剪辑和调整，才能做出搭配完美的特效。御剑出招特效的效果，如图4-16所示。

案例效果　　教学视频

图4-16　御剑出招特效的效果

**STEP 01** ▶ 把拍摄的人物运剑视频素材和光剑特效素材导入"本地"选项卡中，单击人物视频素材右下角的➕按钮，把素材添加到视频轨道中，如图4-17所示。

**STEP 02** ▶ 拖曳光剑特效素材至画中画轨道中，使其起始位置对齐人物视频的起始位置，如图4-18所示。

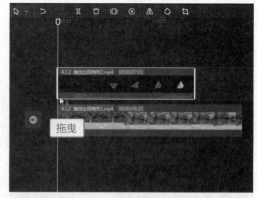

图4-17　导入视频素材　　　　　图4-18　拖曳光剑特效素材至画中画轨道

**STEP 03** ▶ ❶在"混合模式"列表框中，选择"滤色"选项；❷调整光剑特效素材的位置，对准人物出招的位置，如图4-19所示。

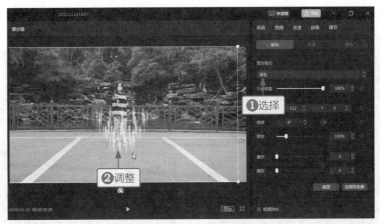

图4-19 设置和调整光剑特效素材

**STEP 04** ❶选择人物视频素材；❷拖曳时间指示器至视频00:00:01:26人物准备转换姿势的位置；❸单击"分割"按钮❙▌，分割视频，如图4-20所示。

**STEP 05** ❶拖曳时间指示器至视频00:00:08:01场景转换的位置；❷单击"分割"按钮❙▌，分割视频，如图4-21所示。

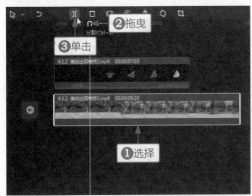

图4-20 分割视频

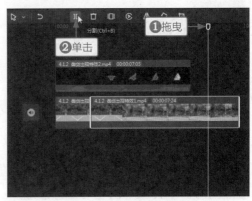

图4-21 再次分割视频

**STEP 06** 选择分割完成的第二段视频素材，❶单击"变速"按钮；❷在"常规变速"选项卡中，拖曳滑块，设置"倍数"参数为1.7x，增快人物出招的速度，如图4-22所示。

**STEP 07** 拖曳时间指示器至第一段视频与第二段视频之间的位置，如图4-23所示。

图4-22 设置"倍数"参数

**STEP 08** ❶单击"转场"按钮；❷切换至"运镜转场"选项卡；❸单击"拉远"转场右下角的➕按钮，添加转场，如图4-24所示。

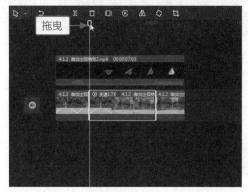 

图4-23　拖曳时间指示器至相应位置　　　　　图4-24　添加转场

**STEP 09** 拖曳时间指示器至视频起始位置，❶单击"音频"按钮；❷切换至"抖音收藏"选项卡；❸单击所选音乐右下角的➕按钮，添加背景音乐，如图4-25所示。

**STEP 10** ❶拖曳时间指示器至视频素材末尾位置；❷单击"分割"按钮 ，分割音频，如图4-26所示。

 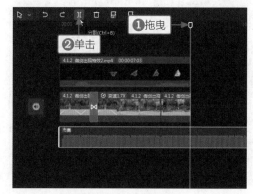

图4-25　添加背景音乐　　　　　　　　　图4-26　分割音频

**STEP 11** 单击"删除"按钮 ，删除第二段多余的音频，如图4-27所示。

**STEP 12** 拖曳滑块，设置"音量"参数为-7.4dB，降低背景音乐的音量，使特效的声音更加明显，如图4-28所示。

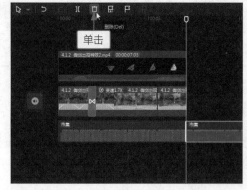 

图4-27　删除多余音频　　　　　　　　　图4-28　设置"音量"参数

STEP 13　拖曳时间指示器至视频起始位置，❶单击"滤镜"按钮；❷切换至"风景"选项卡；❸单击"绿妍"滤镜右下角的➕按钮，为视频调色，如图4-29所示。

STEP 14　调整"绿妍"滤镜的时长，对齐视频素材的末尾位置，如图4-30所示。执行上述操作后，即可完成特效的制作。

图4-29　添加"绿妍"滤镜

图4-30　调整"绿妍"滤镜的时长

# 4.2 召唤特效

召唤各种自然现象和神奇动物是仙侠片中用来制造奇异画面的常用手法，能为影视剧的效果增色不少。本节主要为大家介绍召唤闪电和召唤鲸鱼的特效制作方法。

## 4.2.1 召唤闪电特效

【效果说明】：在制作召唤闪电特效时需要留白较多的天空背景视频，还可以给视频分段调色，制作出闪电出现的前后对比效果。召唤闪电特效的效果，如图4-31所示。

案例效果　　教学视频

STEP 01　把人物举手召唤的视频素材和闪电特效素材导入"本地"选项卡中，单击人物素材右下角的➕按钮，把素材添加到视频轨道中，如图4-32所示。

STEP 02　❶拖曳时间指示器至视频00:00:00:16人物准备举手的位置；❷单击"分割"按钮，分割视频，如图4-33所示。

STEP 03　❶拖曳时间指示器至视频00:00:00:29人物刚好把手举向天空的位置；❷单击"分割"按钮，把视频分割成三段，方便后期分段调速和调色，如图4-34所示。

图4-31　召唤闪电特效的效果

**STEP 04** 选择第一段视频素材，❶单击"变速"按钮；❷拖曳滑块，设置"倍数"参数为 0.5x，让准备动作变慢一些，如图4-35所示。

图4-32 导入视频素材

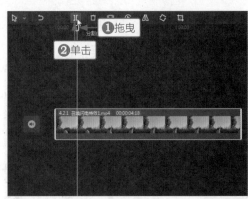

图4-33 分割视频

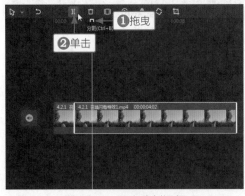

图4-34 再次分割视频

图4-35 设置第一段视频的"倍数"参数

**STEP 05** 选择第二段视频素材，拖曳滑块，设置"倍数"参数为2.0x，让举手动作变快一些，如图4-36所示。

**STEP 06** ❶拖曳时间指示器至第二段素材的末尾位置；❷把闪电素材拖曳至画中画轨道中，对齐第三段素材的时长，如图4-37所示。

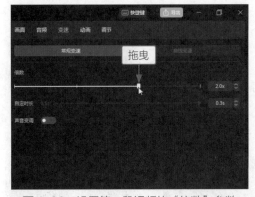

图4-36 设置第二段视频的"倍数"参数

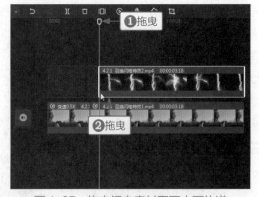

图4-37 拖曳闪电素材至画中画轨道

**STEP 07** 选择闪电素材，❶单击"画面"按钮；❷在"混合模式"列表框中，选择"滤色"选项；❸调整闪电素材的大小和位置，使其处于手上的位置，如图4-38所示。

图4-38　设置和调整闪电素材

STEP 08 ▶ 选择第一段视频素材，❶单击"调节"按钮；❷拖曳滑块，设置"饱和度"参数为17、"亮度"参数为33；❸单击"应用到全部"按钮，统一视频色调，如图4-39所示。

图4-39　统一第一段视频素材的色调

STEP 09 ▶ 选择第三段视频素材，拖曳滑块，设置"饱和度"参数为0、"亮度"参数为-25，让闪电出现的画面亮度变暗一些，如图4-40所示。

图4-40　调整第三段视频的亮度

**STEP 10** 选择闪电素材，拖曳滑块，设置"饱和度"参数为0、"亮度"参数为-50，让闪电特效与背景画面的色调更加和谐统一，如图4-41所示。

**STEP 11** 拖曳时间指示器至视频素材的起始位置，❶单击"特效"按钮；❷切换至"基础"选项卡；❸单击"逆光对焦"特效右下角的➕按钮，添加特效，如图4-42所示。

图4-41 调整闪电素材的色调

**STEP 12** 调整"逆光对焦"特效的时长，对齐第一段视频素材的时长，如图4-43所示。

图4-42 添加"逆光对焦"特效

图4-43 调整"逆光对焦"特效的时长

**STEP 13** ❶单击"音频"按钮；❷切换至"卡点"选项卡；❸单击所选音乐右下角的➕按钮，添加背景音乐，如图4-44所示。

**STEP 14** ❶拖曳时间指示器至末尾的位置；❷单击"分割"按钮▮▮，分割音频；❸单击"删除"按钮▢，删除多余音频，如图4-45所示。执行上述操作后，即可完成特效的制作。

图4-44 添加背景音乐

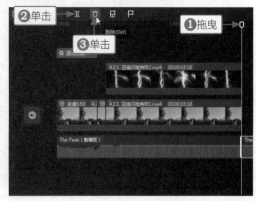

图4-45 分割和删除音频

## 4.2.2 召唤鲸鱼特效

【效果说明】：动物特效在仙侠片中出现的场景很多，尤其是天上飞的和海底游的，这些动物特效给影视剧增加了奇幻的色彩。召唤鲸鱼特效的效果，如图4-46所示。

案例效果

教学视频

图4-46　召唤鲸鱼特效的效果

**STEP 01** 把天空留白较多的空镜头视频素材、鲸鱼绿幕素材和海底素材导入"本地"选项卡中，单击天空素材右下角的➕按钮，把素材添加到视频轨道中，如图4-47所示。

**STEP 02** ❶拖曳鲸鱼绿幕素材至画中画轨道中；❷向左拖曳鲸鱼素材右侧的白框，调整其时长，对齐天空视频素材的时长，如图4-48所示。

图4-47　导入视频素材

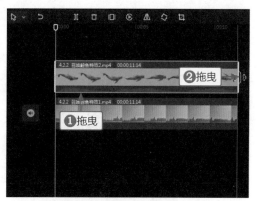
图4-48　调整鲸鱼素材的时长

**STEP 03** ❶切换至"抠像"选项卡；❷选中"色度抠图"复选框；❸单击"取色器"按钮🖊进行取色；❹拖曳圆环，在画面中取样绿色色彩，如图4-49所示。

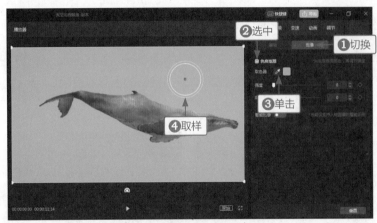

图4-49　在画面中取样绿色色彩

**STEP 04** 拖曳滑块，设置"强度"参数为100，抠出鲸鱼图像，如图4-50所示。

图4-50　抠出鲸鱼图像

**STEP 05** ❶单击"调节"按钮；❷切换至HSL选项卡；❸选择绿色 ◯ 选项；❹拖曳滑块，设置"色相"参数为-100、"饱和度"参数为-26、"亮度"参数为-53，让鲸鱼边缘更加自然，如图4-51所示。

图4-51　设置图像参数

**STEP 06** ❶单击"画面"按钮；❷切换至"基础"选项卡；❸调整鲸鱼的大小；❹单击"位置"右侧的◇按钮，添加关键帧◆；❺调整鲸鱼的位置，使其处于画面偏左边一些，只露出部分头部，如图4-52所示。

图4-52 调整使鲸鱼露出部分头部

**STEP 07** 拖曳时间指示器至视频末尾位置，调整鲸鱼的位置，使其处于画面中间，如图4-53所示。

图4-53 调整使鲸鱼处于画面中间

**STEP 08** 选择天空素材，❶单击"调节"按钮；❷拖曳滑块，设置"色温"参数为-50、"亮度"参数为-21、"对比度"参数为7、"光感"参数为-19，调整画面色彩和明度，如图4-54所示。

图4-54 调整画面色彩和明度

**STEP 09** ❶切换至HSL选项卡；❷选择青色◯选项；❸拖曳滑块，设置"色相"参数为45、"饱和度"参数为45、"亮度"参数为-21，调整天空的色彩，如图4-55所示。

**STEP 10** ❶选择蓝色◯选项；❷拖曳滑块，设置"色相"参数为11、"饱和度"参数为100、"亮度"参数为57，让天空色彩更加自然，如图4-56所示。

图 4-55　调整天空的色彩

图 4-56　调整使天空色彩更自然

**STEP 11** ❶单击"音频"按钮；❷切换至"抖音收藏"选项卡；❸单击所选音乐右下角➕按钮，添加背景音乐，如图4-57所示。

**STEP 12** ❶拖曳时间指示器至视频末尾位置；❷单击"分割"按钮 ，分割音频，如图4-58所示。

图 4-57　添加背景音乐

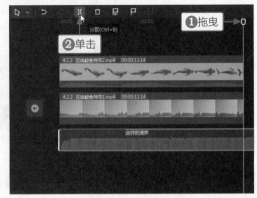

图 4-58　分割音频

**STEP 13** 单击"删除"按钮，删除多余的音频，如图4-59所示。

**STEP 14** ❶拖曳海底素材至第二条画中画轨道中；❷向左拖曳右侧的白框，调整其时长对齐天空视频素材的时长，如图4-60所示。

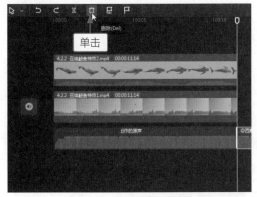
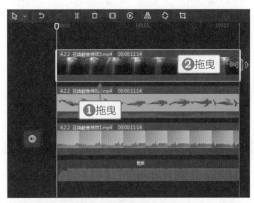

图4-59  删除多余音频　　　　　　图4-60  调整海底素材的时长

**STEP 15** ❶在"混合模式"列表框中，选择"滤色"选项；❷调整海底素材的大小，使其覆盖天空视频的画面，如图4-61所示。

图4-61  设置和调整海底素材

**STEP 16** 选择鲸鱼素材，❶单击"调节"按钮；❷切换至HSL选项卡；❸选择蓝色◯选项；❹拖曳滑块，设置"色相"参数为18、"饱和度"参数为49，让鲸鱼的色彩与背景色彩效果更加和谐，如图4-62所示。执行上述操作后，即可完成特效的制作。

图4-62  调整鲸鱼素材的色彩与背景

# 4.3 变身特效

　　龙是我国古代传说中的神异动物，是一种存在于想象中的仙侠元素。在影视剧中，以龙的形象为主要元素制作出的特效效果都很受欢迎。本节为大家介绍金龙环绕特效和变身神龙特效的制作方法。

## 4.3.1 金龙环绕特效

　　**【效果说明】**：制作金龙环绕特效的重点在于把龙环绕在人物的四周，这里需要抠图和蒙版功能，才能将效果合成得更加自然。金龙环绕特效的效果，如图4-63所示。

案例效果　　教学视频

图4-63　金龙环绕特效的效果

**STEP 01** 把人物举伞看四周的视频素材和金龙特效素材导入"本地"选项卡中，单击人物素材右下角的 + 按钮，把素材添加到视频轨道中，如图4-64所示。

**STEP 02** ❶把金龙素材拖曳至画中画轨道中；❷调整其时长，对齐人物视频素材的时长，如图4-65所示。

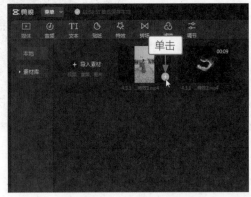 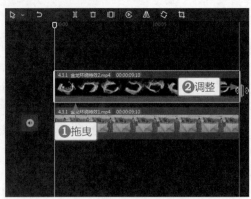

图4-64　导入视频素材　　　　　图4-65　拖曳并调整金龙视频素材

**STEP 03** ❶在"混合模式"列表框中，选择"滤色"选项；❷调整金龙素材的大小，使其刚好处于人物四周的位置，如图4-66所示。

图4-66　设置和调整金龙素材

**STEP 04** 复制人物素材并粘贴至第二条画中画轨道中，如图4-67所示。

**STEP 05** ❶切换至"抠像"选项卡；❷单击"智能抠像"按钮，抠出人像，如图4-68所示。

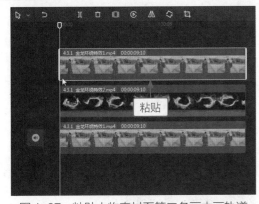

图4-67　粘贴人物素材至第二条画中画轨道

图4-68　抠出人像

**STEP 06** ❶切换至"蒙版"选项卡；❷选择"圆形"蒙版；❸调整蒙版形状的大小和位置，使其处于人物上半身的位置，产生龙在环绕的效果，如图4-69所示。

图4-69　设置和调整蒙版

**STEP 07** ①单击"滤镜"按钮；②切换至"复古"选项卡；③单击"普林斯顿"滤镜右下角的 ➕ 按钮，为视频调色，如图4-70所示。

**STEP 08** 调整"普林斯顿"滤镜的时长，对齐视频素材的时长，如图4-71所示。执行上述操作后，即可完成特效的制作。

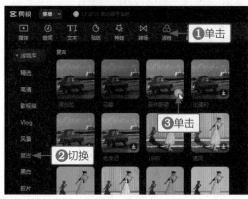

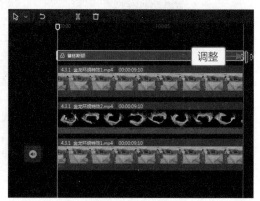

图4-70　添加"普林斯顿"滤镜　　　　图4-71　调整"普林斯顿"滤镜的时长

## 4.3.2　变身神龙特效

【效果说明】：在仙侠片中，变身特效是很常见的，很多剧中都有主角变身成龙的情节，这样的设定更能突出主角威武、正义的特点。下面就以"变身神龙"为例，介绍特效的制作方法。变身神龙特效的效果，如图4-72所示。

案例效果　　教学视频

图4-72　变身神龙特效的效果

**STEP 01** 把人物跑步起身跳跃的视频素材、同一场景下的空镜头素材和神龙特效绿幕素材导入"本地"选项卡中，单击空镜头素材右下角的 ➕ 按钮，把素材添加到视频轨道中，如图4-73所示。

**STEP 02** ①拖曳人物起身跳跃的视频素材至画中画轨道中；②拖曳时间指示器至视频00:00:01:23人物跳跃定格在空中的位置；③单击"分割"按钮 ▐▌ ，分割视频，如图4-74所示。

图4-73　导入视频素材

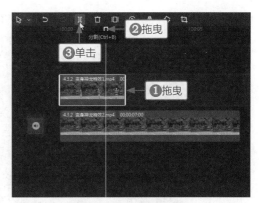

图4-74　分割视频

**STEP 03** 单击"删除"按钮 ，删除后半段落地的视频素材，如图4-75所示。

**STEP 04** ❶拖曳神龙特效绿幕素材至画中画轨道中，并对齐画中画轨道中素材的末尾位置；❷调整空镜头视频素材的时长，使其末尾位置对齐画中画轨道中第二段视频素材的末尾位置，如图4-76所示。

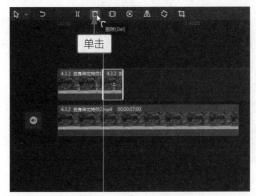

图4-75　删除多余视频素材

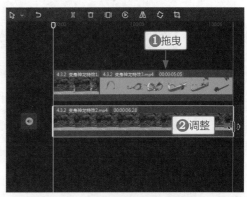

图4-76　拖曳和调整两段视频素材

**STEP 05** ❶切换至"抠像"选项卡；❷选中"色度抠图"复选框；❸单击"取色器"按钮 ，进行取色；❹拖曳圆环，在画面中取样绿色色彩，如图4-77所示。

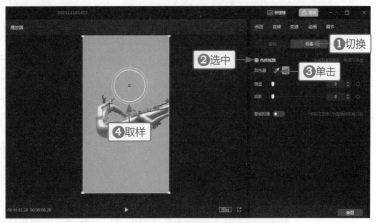

图4-77　在画面中取样绿色色彩

**STEP 06** 拖曳滑块，设置"强度"参数为100，把龙的图像抠出来，如图4-78所示。

**STEP 07** 选择人物起身跳跃的视频素材，拖曳时间指示器至人物起身跳跃的位置，❶切换至"基础"选项卡；❷单击"不透明度"右侧的 按钮，添加关键帧 ，如图4-79所示。

图4-78　抠出龙的图像

图4-79　添加关键帧

**STEP 08** 拖曳时间指示器至人物跳跃素材的末尾位置，拖曳滑块，设置"不透明度"参数为 0%，制作人物跳跃后慢慢消失的效果，如图4-80所示。

图4-80　设置"不透明度"参数

**STEP 09** 拖曳时间指示器至第一个关键帧的位置，❶单击"特效"按钮；❷切换至"动感"选项卡；❸单击"抖动"特效右下角的➕按钮，为跳跃部分添加特效，如图4-81所示。

**STEP 10** 调整"抖动"特效的时长，对齐人物跳跃素材的末尾位置，如图4-82所示。

图4-81　添加"抖动"特效

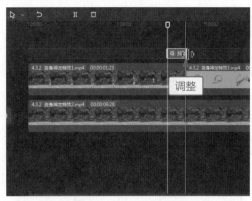

图4-82　调整"抖动"特效的时长

**STEP 11** 拖曳时间指示器至人物跳跃素材的末尾位置，❶切换至"氛围"选项卡；❷单击"星火炸开"特效右下角的⊕按钮，为神龙素材添加特效，如图4-83所示。

**STEP 12** 拖曳时间指示器至视频起始位置，❶单击"滤镜"按钮；❷切换至"风景"选项卡；❸单击"橘光"滤镜右下角的⊕按钮，为视频调色，如图4-84所示。

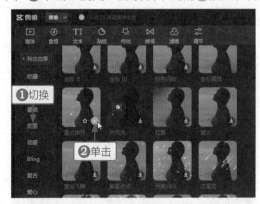

图4-83　添加"星火炸开"特效

图4-84　添加"橘光"滤镜

**STEP 13** 调整"橘光"滤镜的时长，对齐视频素材的末尾位置，如图4-85所示。

**STEP 14** ❶单击"音频"按钮；❷切换至"音频提取"选项卡；❸单击"导入素材"按钮，如图4-86所示。

图4-85　调整"橘光"滤镜的时长

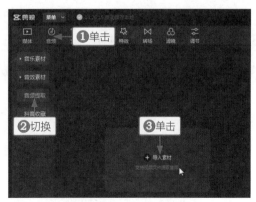

图4-86　导入音频素材

**STEP 15** ❶选择要提取音乐的视频素材；❷单击"打开"按钮，如图4-87所示。

**STEP 16** 提取音乐成功后，单击提取音频文件右下角的➕按钮，添加背景音乐，如图4-88所示。

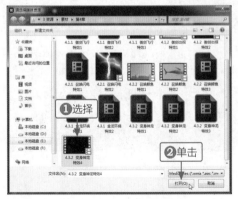

图4-87 提取音乐素材

图4-88 添加背景音乐

**STEP 17** ❶拖曳时间指示器至视频末尾位置；❷单击"分割"按钮，分割音频，如图4-89所示。

**STEP 18** 单击"删除"按钮，删除多余的音频，如图4-90所示。执行上述操作后，即可完成特效的制作。

图4-89 分割音频

图4-90 删除多余音频

**专家指点**

在剪映中，复制和粘贴素材的快捷键为【Ctrl+C】组合键和【Ctrl+V】组合键。

## 知识导读

神话片中的特效与仙侠片有些类似，不过神话片的特效效果会更加古朴，比如《西游记》剧中孙悟空腾云驾雾的特效和一些妖怪变身的特效，都是让人记忆深刻的片段。本章挑选了一些比较有代表性的案例，讲解神话片特效的制作方法。

5 CHAPTER

# 第5章

# 神话片特效

## 本章重点索引

- 飞行特效
- 动物特效
- 奇幻特效

## 效果欣赏

# 5.1 飞行特效

飞行特效主要有两种,一是人物借助外力来飞行,如云朵或者一些动物,二是人物直接飞天的飞行特效。本节主要为大家介绍腾云飞行特效和人物飞天特效的制作方法。

## 5.1.1 腾云飞行特效

【效果说明】:在电视剧《西游记》里,孙悟空是借助筋斗云飞行,制作这种腾云飞行特效最主要的是运用抠图和关键帧功能来合成特效。腾云飞行特效的效果,如图5-1所示。

案例效果

教学视频

图5-1 腾云飞行特效的效果

**STEP 01** 把天空背景视频素材、人物飞行的视频素材,以及云朵素材导入"本地"选项卡中,单击天空特效素材右下角的+按钮,把素材添加到视频轨道中,如图5-2所示。

**STEP 02** ❶拖曳人物飞行的视频素材至画中画轨道中;❷调整其时长,对齐天空素材的时长,如图5-3所示。

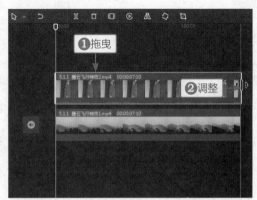

图5-2 导入视频素材      图5-3 拖曳人物素材至画中画轨道

**STEP 03** ❶切换至"抠像"选项卡；❷单击"智能抠像"按钮，抠出人像，如图5-4所示。

图5-4 抠出人像

**STEP 04** 把云朵素材拖曳至第二条画中画轨道中，在"混合模式"列表框中选择"滤色"选项，如图5-5所示。

图5-5 选择"滤色"选项

**STEP 05** 在视频起始位置，❶单击"位置"和"缩放"右侧的◇按钮，添加两个关键帧◆；❷调整人物素材的大小和位置，如图5-6所示。用同样的方法，给云朵素材添加同样的关键帧，并调整其大小和位置，使其处于人物脚下。

图5-6 设置和调整人物素材

**STEP 06** 拖曳时间指示器至视频00:00:00:25的位置，调整人物素材和云朵素材的大小和位置，"位置"和"缩放"右侧会自动生成关键帧◆，如图5-7所示。

**STEP 07** 用同样的方法，每拖曳一次时间指示器至相应的位置，就调整一次人物素材和云朵素材的大小和位置，大致运动方向如图5-8所示。

图5-7　调整人物素材和云朵素材的大小和位置

图5-8　图中素材的大致运动方向

**STEP 08** 拖曳时间指示器至视频起始位置，❶单击"音频"按钮；❷切换至"音频提取"选
项卡；❸单击"导入素材"按钮，如图5-9所示。

**STEP 09** ❶选择要提取音乐的视频素材；❷单击"打开"按钮，如图5-10所示。

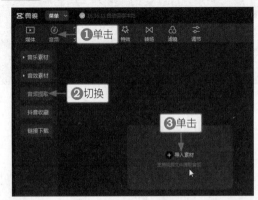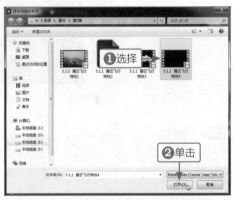

图5-9　导入音频素材　　　　　　　　　　图5-10　选择要提取音乐的视频素材

**STEP 10** 提取音乐成功之后，单击提取音频文件右下角的➕按钮，添加背景音乐，如图5-11所示。

**STEP 11** 调整音频素材的时长，对齐视频素材的时长，如图5-12所示。执行上述操作后，即可完成特效的制作。

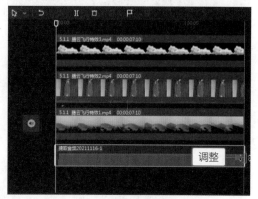

图5-11　添加背景音乐 　　　　　　　　　　　图5-12　调整音频素材的时长

## 5.1.2 人物飞天特效

【效果说明】：人物飞行是神话片中常见的剧情，这种效果可以利用绿幕抠图制作，也可以利用抠像制作。人物飞天特效的效果，如图5-13所示。

案例效果　　　　教学视频

图5-13　人物飞天特效的效果

**STEP 01** 把拍摄的人物飞行视频素材、同一场景下的空镜头视频素材，以及人物抠像素材导入"本地"选项卡中，单击人物视频素材右下角的➕按钮，把素材添加到视频轨道中，如图5-14所示。

**STEP 02** ❶把空镜头视频素材拖曳至人物飞天素材的后面；❷拖曳人物抠像素材至画中画轨道中；❸调整其时长，对齐空镜头视频素材的时长，如图5-15所示。

图5-14　导入视频素材

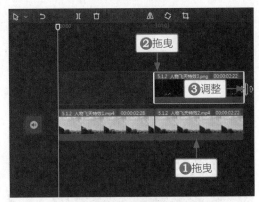

图5-15　调整空镜头与人物抠像素材

STEP 03 在"混合模式"列表框中选择"正片叠底"选项，如图5-16所示。

图5-16　选择"正片叠底"模式

STEP 04 拖曳时间指示器至抠像素材的起始位置，单击"位置"和"缩放"右侧的◇按钮，添加两个关键帧◆，如图5-17所示。

图5-17　为抠像素材添加关键帧

STEP 05 拖曳时间指示器至抠像素材的末尾位置，调整抠像素材的大小和位置，使其处于画面最上面的位置，"位置"和"缩放"右侧会自动添加关键帧◆，如图5-18所示。

图5-18　调整抠像素材的大小和位置

**STEP 06** 拖曳时间指示器至视频素材的起始位置，❶单击"滤镜"按钮；❷切换至"风景"选项卡；❸单击"绿妍"滤镜右下角的 ⊕ 按钮，为视频调色，如图5-19所示。

**STEP 07** 调整"绿妍"滤镜的时长，对齐视频素材的时长，如图5-20所示。

图5-19　添加"绿妍"滤镜

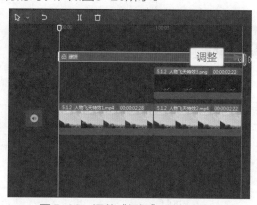

图5-20　调整"绿妍"滤镜的时长

**STEP 08** ❶单击"音频"按钮；❷切换至"卡点"选项卡；❸单击所选音乐右下角的 ⊕ 按钮，添加背景音乐，如图5-21所示。

**STEP 09** ❶拖曳时间指示器至视频素材的末尾位置；❷单击"分割"按钮 ，分割音频；❸单击"删除"按钮 ，删除多余的音频，如图5-22所示。

图5-21　添加背景音乐

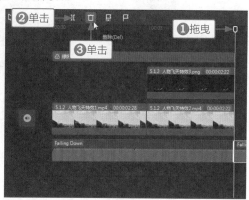

图5-22　分割和删除音频

**STEP 10** 拖曳时间指示器至抠像素材的起始位置，❶切换至"音效素材"选项卡；❷搜索"飞行"音效；❸单击"飞行穿梭"音效右下角的➕按钮，添加飞行音效，如图5-23所示。

**STEP 11** 调整"飞行穿梭"音效的时长，对齐视频素材的末尾位置，如图5-24所示。执行上述操作后，即可完成特效的制作。

图5-23 添加"飞行穿梭"音效

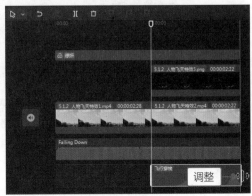

图5-24 调整"飞行穿梭"音效的时长

# 5.2 动物特效

在神怪类影视剧中有很多妖怪现身或变身的情节，变身过程中会加入很多奇幻的特效，这些效果在剪映中都能轻松制作出来。本节主要为大家介绍变出老虎特效和变身为狗特效的制作方法。

## 5.2.1 变出老虎特效

案例效果　　教学视频

【效果说明】：变出老虎特效的制作方法很简单，核心要点是把老虎素材抠出来。变出老虎特效的效果，如图5-25所示。

**STEP 01** 把人物召唤动作的视频素材、变出动物后的视频素材和老虎绿幕素材导入"本地"选项卡中，单击人物召唤动作素材右下角的➕按钮，把素材添加到视频轨道中，如图5-26所示。

**STEP 02** ❶把变出动物后的视频素材拖曳至人物召唤动作素材的后面；❷拖曳老虎绿幕素材至画中画轨道中；❸调整其位置，对齐变出动物后的视频素材的位置，如图5-27所示。

图5-25 变出老虎特效的效果

图5-26 导入视频素材

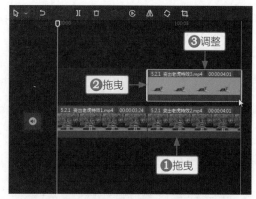

图5-27 调整变出动物与老虎绿幕素材

**STEP 03** ①切换至"抠像"选项卡；②选中"色度抠图"复选框；③单击"取色器"按钮 进行取色；④拖曳圆环，在画面中取样绿色色彩，如图5-28所示。

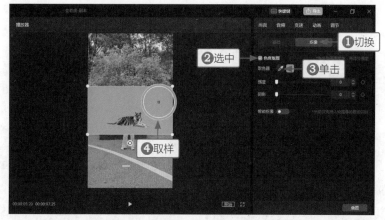

图5-28 在画面中取样绿色色彩

**STEP 04** ①拖曳滑块，设置"强度"参数为100，把老虎抠出来；②调整老虎素材的大小和位置，使其处于地面空白处，如图5-29所示。

图5-29 设置和调整老虎素材

**STEP 05** 拖曳时间指示器至视频起始位置，①单击"音频"按钮；②切换至"魔法"选项区；③单击"仙尘2"音效右下角的 按钮，如图5-30所示。

**STEP 06** 添加背景音效后，拖曳时间指示器至视频00:00:03:07的位置，**1**切换至BGM选项卡；**2**单击"道具出现"音效右下角的➕按钮，添加第二段音效，如图5-31所示。

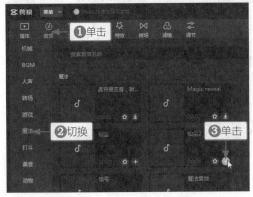

图5-30 添加"仙尘2"音效

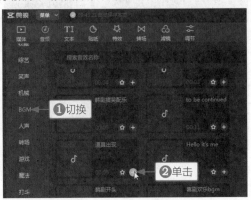

图5-31 添加"道具出现"音效

**STEP 07** 调整"道具出现"音效的时长，对齐视频的末尾位置，如图5-32所示。

**STEP 08** 拖曳时间指示器至老虎素材的起始位置，**1**切换至"人声"选项卡；**2**单击"惊讶女生"音效右下角的➕按钮，添加第三段音效，如图5-33所示。

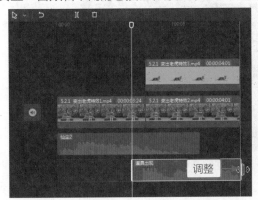

图5-32 调整"道具出现"音效的时长

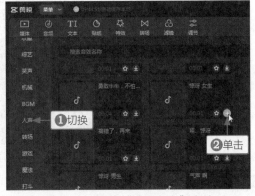

图5-33 添加"惊讶女生"音效

**STEP 09** 拖曳时间指示器至视频00:00:03:07的位置，**1**单击"贴纸"按钮；**2**搜索"烟雾"贴纸；**3**单击所选贴纸右下角的➕按钮，添加烟雾贴纸，如图5-34所示。

**STEP 10** 调整两段"烟雾"贴纸的时长，使其刚好在老虎出现时同时出现，如图5-35所示。

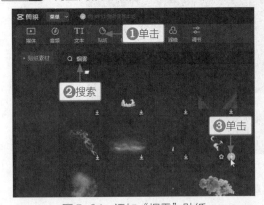

图5-34 添加"烟雾"贴纸

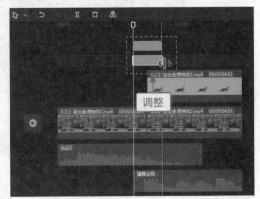

图5-35 调整两段"烟雾"贴纸的时长

**STEP 11** ▶ 最后调整这两段"烟雾"贴纸的位置，使其处于老虎位置的中间，如图5-36所示。执行上述操作后，即可完成特效的制作。

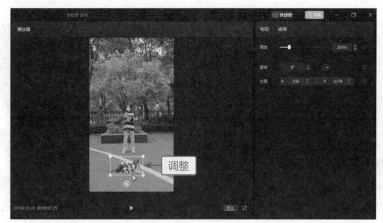

图5-36　调整两段"烟雾"贴纸的位置

## 5.2.2 变身为狗特效

【效果说明】：在电视剧《西游记》中，经常有妖怪变身的情节，有人变成动物，也有动物化为人形。本节介绍在剪映中利用关键帧功能制作人变成狗的特效。变身为狗特效的效果，如图5-37所示。

案例效果　　教学视频

图5-37　变身为狗特效的效果

**STEP 01** ▶ 把空镜头视频素材、同一场景下人进脸盆蹲下的视频素材，以及小狗的特效素材导入"本地"选项卡中，单击空镜头素材右下角的⊕按钮，把素材添加到视频轨道中，如图5-38所示。

**STEP 02** ▶ ❶拖曳人进脸盆的视频素材至画中画轨道中；❷拖曳时间指示器至人物素材的末尾

位置；❸单击"定格"按钮 [O]，定格素材；❹调整定格素材的时长，对齐空镜头素材的末尾位置；❺拖曳小狗素材至第二条画中画轨道中，对齐定格素材的起始位置；❻调整定格素材和空镜头素材的时长，对齐小狗素材的末尾位置，如图5-39所示。

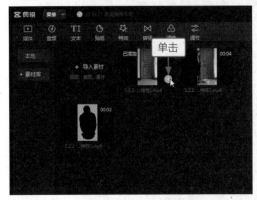

图5-38　导入视频素材

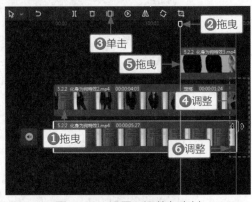

图5-39　设置和调整各素材

**STEP 03** 选择小狗素材，❶切换至"抠像"选项卡；❷选中"色度抠图"复选框；❸单击"取色器"按钮 [🖋] 进行取色；❹拖曳圆环，在画面中取样绿色色彩，如图5-40所示。

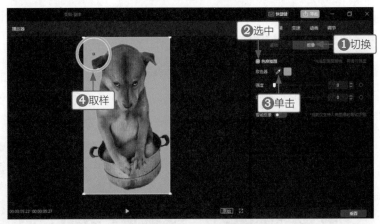

图5-40　在画面中取样绿色色彩

**STEP 04** 拖曳滑块，设置"强度"参数为100、"阴影"参数为71，抠出小狗图像，如图5-41所示。

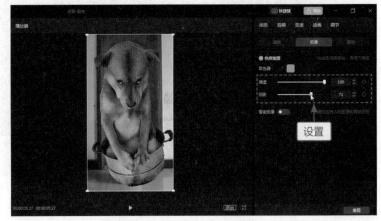

图5-41　抠出小狗图样

**STEP 05** ❶切换至"基础"选项卡；❷拖曳时间指示器至小狗素材的起始位置，调整小狗素材的大小和位置，盖住原本人的部分，如图5-42所示。

图5-42　调整小狗素材的大小和位置

**STEP 06** ❶单击"不透明度"右侧的◇按钮，添加关键帧◆；❷拖曳滑块，设置"不透明度"参数为0%，如图5-43所示。

图5-43　添加关键帧并设置不透明度参数

**STEP 07** 拖曳时间指示器至小狗素材的末尾位置，拖曳滑块，设置"不透明度"参数为100%，如图5-44所示。

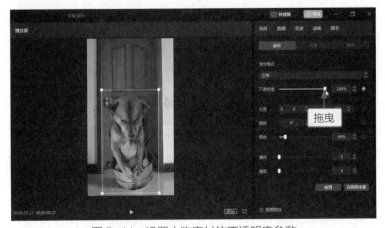

图5-44　设置小狗素材的不透明度参数

**STEP 08** 选择定格素材，拖曳时间指示器至定格素材的起始位置，单击"不透明度"右侧的◇按钮，添加关键帧◆，如图5-45所示。

图5-45 添加关键帧

**STEP 09** 拖曳时间指示器至定格素材的末尾位置，拖曳滑块，设置"不透明度"参数为0%，如图5-46所示。这样就能让人从有变无，而小狗则是从无变有，产生变身的效果。

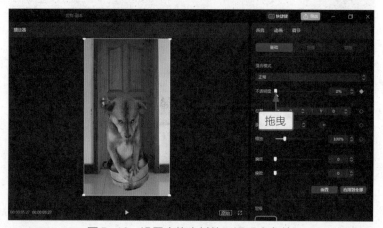

图5-46 设置定格素材的不透明度参数

**STEP 10** 拖曳时间指示器至空镜头素材的起始位置，❶单击"滤镜"按钮；❷切换至"影视级"选项卡；❸单击"青黄"滤镜右下角➕按钮，为视频调色，如图5-47所示。

**STEP 11** 调整"青黄"滤镜的时长，对齐空镜头视频素材的时长，如图5-48所示。

**STEP 12** ❶单击"音频"按钮；❷切换至"抖音收藏"选项卡；❸单击所选音乐右下角➕按钮，添加音频，如图5-49所示。

**STEP 13** ❶拖曳时间指示器至音频00:00:01:20的位置；❷单击"分割"按钮⚏，分割音频，如图5-50所示。

**STEP 14** ❶选择分割出来的第一段音频；❷单击"删除"按钮🗑，删除第一段音频，如图5-51所示。

**STEP 15** ❶拖曳音频素材对齐视频素材的起始位置；❷拖曳时间指示器至空镜头素材的末尾位置；❸单击"分割"按钮⚏，分割音频；❹单击"删除"按钮🗑，删除多余音频，如

图5-52所示。

图5-47 添加"青黄"滤镜

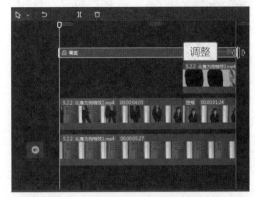

图5-48 调整"青黄"滤镜的时长

图5-49 添加音频

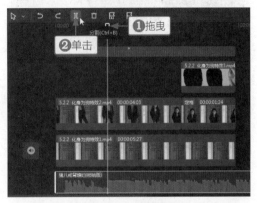

图5-50 分割音频

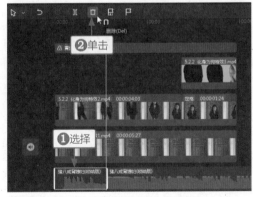

图5-51 删除第一段音效

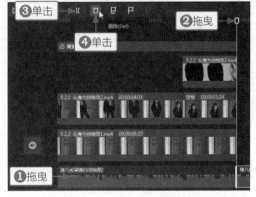

图5-52 分割和删除音频

**STEP 16** 拖曳时间指示器至视频00:00:03:22的位置，如图5-53所示。

**STEP 17** ❶切换至"音效素材"选项卡；❷搜索"哈哈哈哈"音效；❸单击所选音效右下角的⊕按钮，添加笑声音效，如图5-54所示。

**STEP 18** ❶拖曳时间指示器至视频末尾位置；❷单击"分割"按钮，分割音效，如图5-55所示。

**STEP 19** 单击"删除"按钮，删除多余的音效，如图5-56所示。执行上述操作后，即可完成特效的制作。

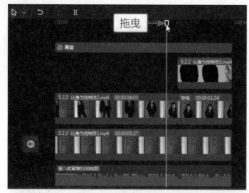

图 5-53　拖曳时间指示器至视频相应位置

图 5-54　添加"哈哈哈哈"音效

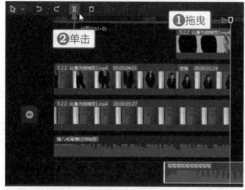

图 5-55　分割音效

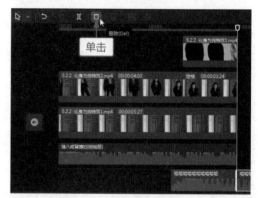

图 5-56　删除多余音效

# 5.3 奇幻特效

神话片中还有一些奇幻的特效画面，如灵魂出窍特效、遁地特效和喷火特效等，本节为大家详细介绍这些特效的制作方法。

## 5.3.1 灵魂出窍特效

【效果说明】：灵魂出窍特效并不难做，主要是降低人像的不透明度，营造出一种灵魂在外的效果。灵魂出窍特效的效果，如图5-57所示。

案例效果　　教学视频

图 5-57　灵魂出窍特效的效果

图5-57　灵魂出窍特效的效果(续)

**STEP 01** ▶ 把人物趴在桌子上不动的视频素材和人物从桌子上起身的视频素材导入"本地"选项卡中，单击人趴在桌子上素材右下角的➕按钮，把素材添加到视频轨道中，如图5-58所示。

**STEP 02** ▶ 把人物起身的视频素材拖曳至画中画轨道中，对齐人趴桌子上视频素材的位置，如图5-59所示。

图5-58　导入视频素材

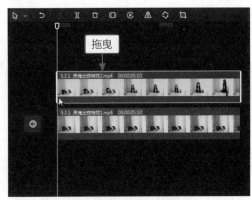

图5-59　拖曳人物起身素材至画中画轨道

**STEP 03** ▶ ❶切换至"抠像"选项卡；❷单击"智能抠像"按钮，从人物起身的素材中抠出人像，如图5-60所示。

图5-60　抠出人像

**STEP 04** ▶ ❶单击"不透明度"右侧的◆按钮，添加关键帧◆；❷拖曳滑块，设置"不透明度"参数为60%，如图5-61所示。

图5-61　添加关键帧并设置不透明度参数

**STEP 05** 拖曳时间指示器至视频素材末尾位置，拖曳滑块，设置"不透明度"参数为25%，让人物起身后的透明度越来越淡，就如同灵魂出窍一般，如图5-62所示。

图5-62　设置人物起身后的不透明度参数

**STEP 06** 拖曳时间指示器至视频起始位置，❶单击"音频"按钮；❷切换至"音频提取"选项卡；❸单击"导入素材"按钮，如图5-63所示。

**STEP 07** ❶选择要提取音频的视频素材；❷单击"打开"按钮，如图5-64所示。

图5-63　导入音频素材

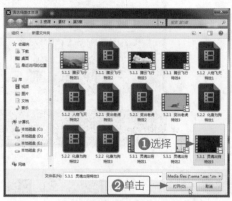

图5-64　选择要提取音频的视频素材

**STEP 08** 提取音乐之后，单击提取音频文件右下角的 ➕ 按钮，添加音频，如图5-65所示。

**STEP 09** 调整音频素材的时长，对齐视频素材的时长，如图5-66所示。执行上述操作后，即可完成特效的制作。

图5-65 添加音频

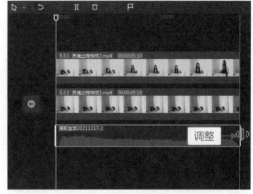

图5-66 调整音频素材的时长

## 5.3.2 遁地术特效

【效果说明】：我们在神话片中常会看到神仙一股烟便遁地不见的情节，如《西游记》中的土地公公，制作这个特效只需将人物与烟雾合成在同一画面中。遁地术特效的效果，如图5-67所示。

案例效果　教学视频

**STEP 01** 把人物准备起跳的视频素材、人物起跳落地的视频素材、同一场景下的空镜头视频素材，以及烟雾特效素材导入"本地"选项卡中，单击人物准备起跳素材右下角的 ➕ 按钮，把素材添加到视频轨道中，如图5-68所示。

**STEP 02** ❶把人物起跳落地的视频素材和同一场景下的空镜头视频素材拖曳至人物准备起跳的视频素材的后面；❷选择人物起跳落地的视频素材；❸拖曳时间指示器至视频

图5-67 遁地术特效的效果

00:00:04:00人物跳跃定格在空中的位置；❹单击"分割"按钮 ，分割视频，如图5-69所示。

**STEP 03** 把分割的后半段素材拖曳至画中画轨道中，对齐空镜头素材的起始位置，如图5-70所示。

**STEP 04** 把烟雾素材拖曳至第二条和第三条画中画轨道中，如图5-71所示。

图 5-68　导入视频素材

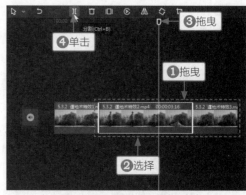

图 5-69　设置和分割视频

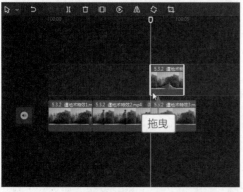

图 5-70　拖曳素材至画中画轨道

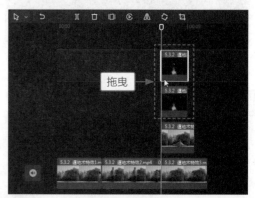

图 5-71　拖曳烟雾素材至第二条画中画轨道

**STEP 05** ❶ 在"混合模式"列表框中，选择"滤色"选项；❷ 调整烟雾素材的位置，使其处于地面，如图 5-72 所示。另一段烟雾素材也用同样的方法进行处理。

图 5-72　设置和调整烟雾素材

**STEP 06** 选择第一条画中画轨道中人物跳下的素材，❶ 切换至"抠像"选项卡；❷ 单击"智能抠像"按钮，把人物抠出来，如图 5-73 所示。

**STEP 07** 拖曳时间指示器至第一条画中画轨道中人物跳下素材的起始位置，❶ 切换至"基础"选项卡；❷ 单击"位置"右侧的 ◇ 按钮，添加关键帧 ◆，如图 5-74 所示。

图5-73 抠出人像

图5-74 添加关键帧

**STEP 08** 拖曳时间指示器至视频00:00:04:05的位置，调整人物素材的位置，使其处于烟雾素材位置的下方，如图5-75所示。

图5-75 调整人物素材的位置

**STEP 09** 复制空镜头素材粘贴至第一条画中画轨道中，如图5-76所示。

**STEP 10** ❶拖曳第一条画中画轨道中的空镜头素材至第二条画中画轨道中；❷调整其时长，

对齐第一条画中画轨道中人物素材的时长，如图5-77所示。

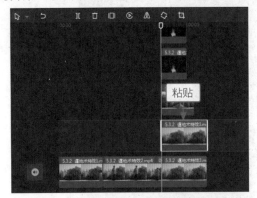

图5-76 复制并粘贴空镜头视频素材

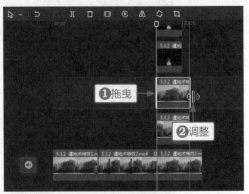

图5-77 调整空镜头素材

**STEP 11** ❶切换至"蒙版"选项卡；❷选择"线性"蒙版；❸调整蒙版的位置至烟雾素材的下方；❹单击"反转"按钮，使人物落地后在烟雾处就消失，如图5-78所示。

**STEP 12** 拖曳时间指示器至视频轨道中素材的起始位置，❶单击"特效"按钮；❷切换至"基础"选项卡；❸单击"变清晰"特效右下角的➕按钮，添加开幕特效，如图5-79所示。

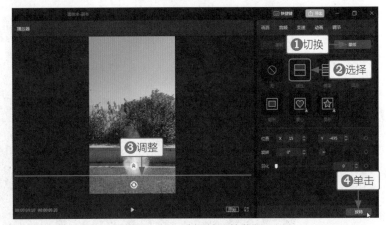

图5-78 选择并调整蒙版

**STEP 13** ❶单击"音频"按钮；❷在"收藏"选项卡中单击所选音乐右下角的➕按钮，添加背景音乐，如图5-80所示。

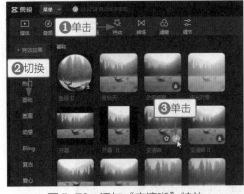

图5-79 添加"变清晰"特效

图5-80 添加背景音乐

**STEP 14** ❶拖曳时间指示器至空镜头素材的起始位置；❷单击"分割"按钮▐▌，分割音频，如图5-81所示。

**STEP 15** ❶选择第一段音频；❷单击"删除"按钮🗑，删除第一段音频，如图5-82所示。

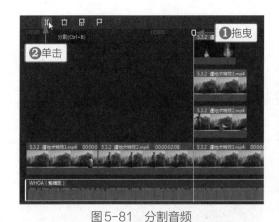

图5-81　分割音频

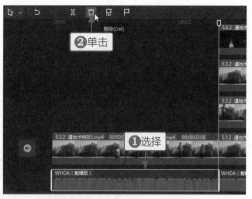

图5-82　删除第一段音频

**STEP 16** ❶拖曳音频素材，使其对齐视频素材的起始位置；❷拖曳时间指示器至视频素材的末尾位置；❸单击"分割"按钮 **▐▌**，再次分割音频，如图5-83所示。

**STEP 17** 单击"删除"按钮 **▢**，删除第二段音频素材，如图5-84所示。执行上述操作后，即可完成特效的制作。

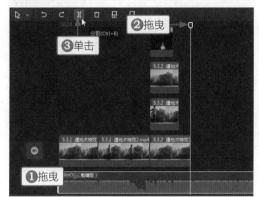

图5-83　再次分割音频

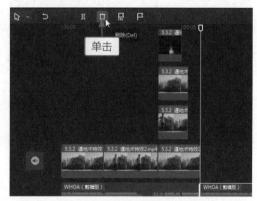

图5-84　删除第二段音频

## 5.3.3　喷火特效

【效果说明】：喷火特效的制作非常简单，只需准备一段喷火素材。喷火特效的效果，如图5-85所示。

**STEP 01** 把人物张嘴吐气的视频素材和喷火素材导入"本地"选项卡中，单击人物素材右下角的 ⊕ 按钮，把素材添加到视频轨道中，如图5-86所示。

案例效果　　教学视频

**STEP 02** ❶拖曳时间指示器至视频00:00:00:21人物张嘴吹气的位置；❷拖曳喷火素材至画中画轨道中，如图5-87所示。

**STEP 03** ❶单击"变速"按钮；❷在"常规变速"选项卡中拖曳滑块，设置"倍数"参数为0.9x，延长喷火素材的时长，如图5-88所示。

**STEP 04** 调整人物素材的时长，对齐喷火素材的末尾位置，如图5-89所示。

图5-85 喷火特效的效果

图5-86 导入视频素材

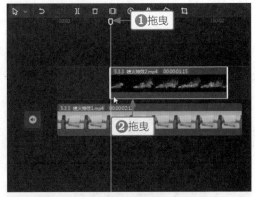

图5-87 拖曳喷火素材至画中画轨道

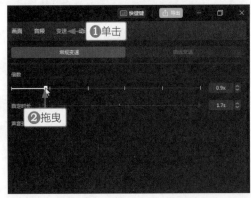

图5-88 设置"倍数"参数

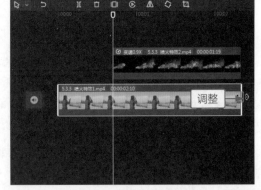

图5-89 调整人物素材的时长

**STEP 05** 选择喷火素材，❶在"混合模式"列表框中选择"滤色"选项；❷调整喷火素材的大小和位置，使其处于人物嘴部前面的位置，如图5-90所示。

**STEP 06** 拖曳时间指示器至视频起始位置，❶单击"滤镜"按钮；❷切换至"风景"选项卡；❸单击"绿妍"滤镜右下角的⊕按钮，为视频调色，如图5-91所示。

**STEP 07** 调整"绿妍"滤镜的时长，对齐视频素材的时长，如图5-92所示。

图5-90 设置和调整喷火素材

图5-91 添加"绿妍"滤镜

图5-92 调整"绿妍"滤镜的时长

**STEP 08** ❶单击"音频"按钮；❷切换至"卡点"选项卡；❸单击所选音乐右下角的➕按钮，添加背景音乐，如图5-93所示。

**STEP 09** ❶拖曳时间指示器至视频素材的末尾位置；❷单击"分割"按钮▮▮，分割音频；❸单击"删除"按钮▯，删除多余的音频，如图5-94所示。执行上述操作后，即可完成特效的制作。

图5-93 添加背景音乐

图5-94 分割和删除音频

# 6 CHAPTER

## 第6章

在科幻片中使用特效的频率非常高，不管是超级英雄电影，还是探索宇宙的电影，都需要借助特效才能实现各种奇幻的场景效果。本章以变身特效和经典特效为例，介绍科幻片特效的制作方法。

# 科幻片特效

## 本章重点索引

 变身特效

 经典特效

## 效果欣赏

# 6.1 变身特效

在电影中有很多变身特效，如人物从普通人变身为超级英雄的情节。本节主要为大家介绍变身钢铁侠特效、变身蜘蛛侠特效、变身骷髅人特效和变身乌鸦消失特效的制作方法。

## 6.1.1 变身钢铁侠特效

案例效果　　教学视频

【效果说明】：变身钢铁侠特效需要准备一段钢铁侠的素材，之后通过抠图和人物素材变速的方式合成特效。变身钢铁侠特效的效果，如图6-1所示。

**STEP 01** 把人物走路的视频素材、同一场景下的空镜头视频素材和钢铁侠素材导入"本地"选项卡中，单击人物素材右下角的 ⊕ 按钮，把素材添加到视频轨道中，如图6-2所示。

**STEP 02** ❶拖曳空镜头视频素材至视频轨道中；❷拖曳钢铁侠素材至画中画轨道中，如图6-3所示。

图6-1 变身钢铁侠特效的效果

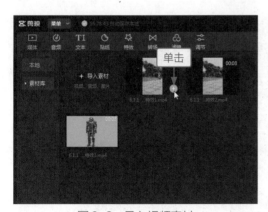

图6-2 导入视频素材

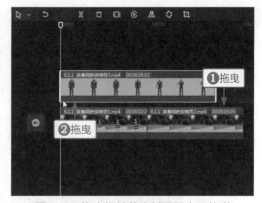

图6-3 拖曳钢铁侠素材至画中画轨道

**STEP 03** ❶切换至"抠像"选项卡；❷选中"色度抠图"复选框；❸单击"取色器"按钮 🖊 进行取色；❹拖曳圆环，在画面中取样绿色色彩，如图6-4所示。

**STEP 04** 拖曳滑块，设置"强度"参数为100，把钢铁侠造型抠出来，如图6-5所示。

**STEP 05** 调整钢铁侠的大小和位置，使其处于人物前面的位置，如图6-6所示。

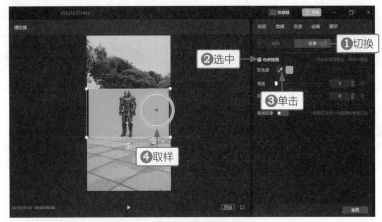

图6-4　在画面中取样绿色色彩

图6-5　抠出钢铁侠造型

图6-6　调整钢铁侠的大小和位置

**STEP 06** ❶选择人物视频素材；❷拖曳时间指示器至视频00:00:01:06人物与钢铁侠快重合的位置；❸单击"分割"按钮 Ⅱ，分割视频，如图6-7所示。

**STEP 07** 单击"删除"按钮 🗑，删除第二段视频素材，如图6-8所示。

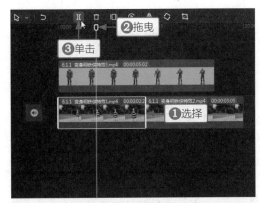
图6-7　分割视频

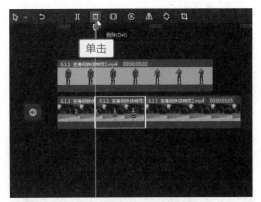
图6-8　删除第二段视频素材

**STEP 08** 选择人物素材，❶单击"变速"按钮；❷在"常规变速"选项卡中拖曳滑块，设置"倍数"参数为0.6x，让人物走路的速度放慢一些，如图6-9所示。

**STEP 09** 调整空镜头视频素材的时长，对齐钢铁侠素材的时长，如图6-10所示。

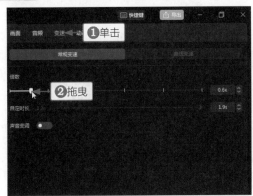
图6-9　设置"倍数"参数

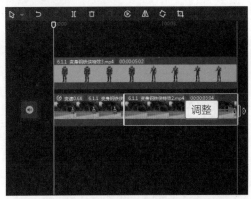
图6-10　调整空镜头视频素材的时长

**STEP 10** ❶单击音频按钮；❷切换至"音频提取"选项卡；❸单击"导入素材"按钮，如图6-11所示。

**STEP 11** ❶选择要提取音频的视频素材；❷单击"打开"按钮，如图6-12所示。

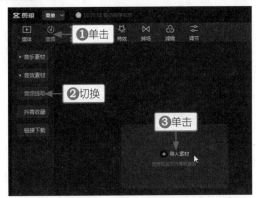
图6-11　导入音频素材

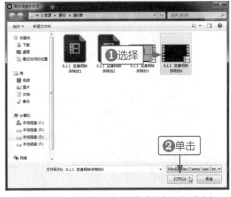
图6-12　选择要提取音频的视频素材

**STEP 12** 提取音频成功后，单击提取音频文件右下角的⊕按钮，添加背景音乐，如图6-13所示。

**STEP 13** 调整音频素材的时长，对齐视频素材的时长，如图6-14所示。

图6-13 添加背景音乐

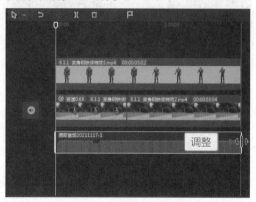

图6-14 调整音频素材的时长

**STEP 14** ❶单击"滤镜"按钮；❷切换至"风景"选项卡；❸单击"绿妍"滤镜右下角的➕按钮，为视频调色，如图6-15所示。

**STEP 15** 调整"绿妍"滤镜的时长，对齐视频素材的时长，如图6-16所示。执行上述操作后，即可完成特效的制作。

图6-15 添加"绿妍"特效

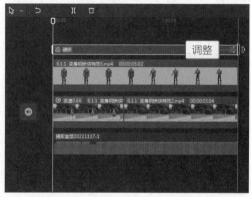

图6-16 调整"绿妍"滤镜的时长

## 6.1.2 变身蜘蛛侠特效

【效果说明】：变身蜘蛛侠特效的要点是利用蜘蛛侠落地的姿势，让人物在跳跃和落地的过程中完成变身。变身蜘蛛侠特效的效果，如图6-17所示。

案例效果　　教学视频

图6-17 变身蜘蛛侠特效的效果

**STEP 01** 把拍摄的人物跳跃落地的视频素材和蜘蛛侠落地的视频素材导入"本地"选项卡中，

单击人物视频素材右下角的⊕按钮，把素材添加到视频轨道中，如图6-18所示。

**STEP 02** ❶拖曳蜘蛛侠落地素材至人物跳跃落地素材的后面；❷拖曳时间指示器至视频00:00:01:06人物跳跃要落地的位置；❸单击"分割"按钮▮▮，分割视频，如图6-19所示。

图6-18　导入视频素材

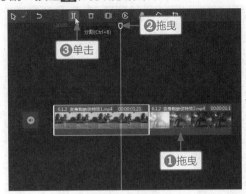

图6-19　分割视频

**STEP 03** 单击"删除"按钮▯，删除后半段视频素材，如图6-20所示。

**STEP 04** ❶选择人物视频素材；❷拖曳时间指示器至视频00:00:00:17人物跳跃至空中的位置；❸单击"分割"按钮▮▮，分割视频，如图6-21所示。

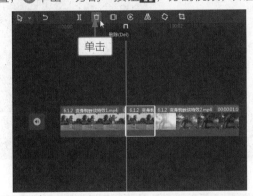

图6-20　删除后半段视频素材

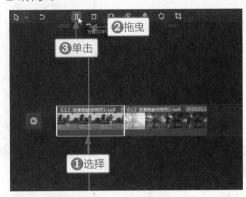

图6-21　分割视频

**STEP 05** ❶单击"变速"按钮；❷在"常规变速"选项卡中拖曳滑块，设置"倍数"参数为0.7x，放慢人物的动作，如图6-22所示。

**STEP 06** 拖曳时间指示器至第二段素材与第三段素材之间，如图6-23所示。

图6-22　设置"倍数"参数

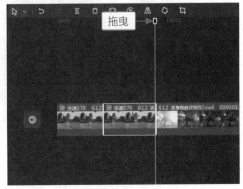

图6-23　拖曳时间指示器至相应位置

**STEP 07** ❶单击"转场"按钮；❷在"基础转场"选项卡中单击"渐变擦除"转场右下角的
➕按钮，添加转场，如图6-24所示。

**STEP 08** 拖曳滑块，设置"转场时长"为0.3s，如图6-25所示。

图6-24 添加转场

图6-25 设置转场时长

**STEP 09** 选择第二段人物
素材，❶单击"画面"
按钮；❷调整人物的位
置和放大人物素材，如
图6-26所示。

图6-26 调整人物素材

**STEP 10** 拖曳时间指示器
至视频00:00:01:05人物
跳跃至空中的位置，单
击"位置"右侧的◆按
钮，添加关键帧◆，如
图6-27所示。

图6-27 添加关键帧

**STEP 11** 拖曳时间指示器至视频00:00:01:13人物落地的位置，调整人物素材的位置，露出人
物落地时的位置，"位置"右侧会自动添加关键帧◆，如图6-28所示。

图6-28　调整人物素材的位置

**STEP 12** 拖曳时间指示器至视频素材的起始位置，❶单击"特效"按钮；❷切换至"基础"选项卡；❸单击"变清晰"特效右下角的⊕按钮，添加开幕特效，如图6-29所示。

**STEP 13** 调整"变清晰"特效的时长，对齐第一段视频素材的时长，如图6-30所示。

图6-29　添加"变清晰"特效

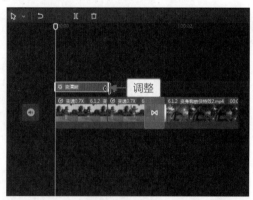

图6-30　调整"变清晰"特效的时长

**STEP 14** ❶单击"音频"按钮；❷切换至"音频提取"选项卡；❸单击"导入素材"按钮，如图6-31所示。

**STEP 15** ❶选择要提取音频的视频素材；❷单击"打开"按钮，如图6-32所示。

图6-31　导入音频素材

图6-32　选择要提取音频的视频素材

**STEP 16** ▶ 提取音频后，单击提取的音频文件右下角的⊕按钮，添加背景音乐，如图6-33所示。

**STEP 17** ▶ 调整第三段视频素材的时长，对齐音频的末尾位置，如图6-34所示。执行上述操作后，即可完成特效的制作。

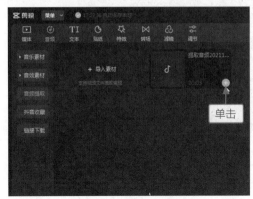

图6-33 添加背景音乐

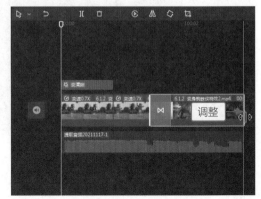

图6-34 调整第三段视频素材的时长

## 6.1.3 变身骷髅人特效

【效果说明】：在一阵浓雾过后，人在举手的瞬间就变成了骷髅人，这个特效在制作时要注意特效的位置，一定要与人体重合。变身骷髅人特效的效果，如图6-35所示。

案例效果

教学视频

图6-35 变身骷髅人特效的效果

**STEP 01** ▶ 把拍摄的人物举手的视频素材、同一场景下的空镜头视频素材，以及骷髅人素材导入"本地"选项卡中，单击人物视频素材右下角的⊕按钮，把素材添加到视频轨道中，如图6-36所示。

**STEP 02** ▶ ❶拖曳空镜头视频素材至人物举手素材的后面；❷拖曳骷髅人素材至画中画轨道

中，如图6-37所示。

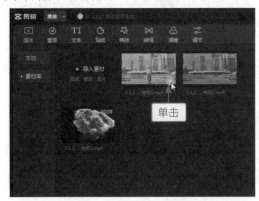

图6-36 导入视频素材

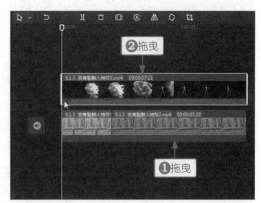

图6-37 拖曳骷髅人素材至画中画轨道

**STEP 03** ❶在"混合模式"列表框中，选择"滤色"选项；❷调整骷髅人素材的位置，使其覆盖人物部分，如图6-38所示。

**STEP 04** 拖曳时间指示器至视频素材的起始位置，❶单击"特效"按钮；❷切换至"氛围"选项卡；❸单击"发光"特效

图6-38 设置和调整骷髅人素材

右下角的➕按钮，为变身前的素材添加"发光"特效，如图6-39所示。

**STEP 05** 调整"发光"特效的时长，对齐第一段人物视频素材的时长，如图6-40所示。

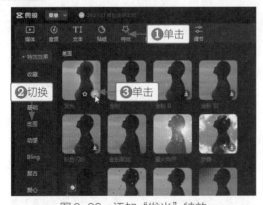

图6-39 添加"发光"特效

图6-40 调整"发光"特效的时长

**STEP 06** ❶单击"滤镜"按钮；❷切换至"影视级"选项卡；❸单击"青黄"滤镜右下角➕按钮，为视频调色，如图6-41所示。

**STEP 07** 调整"青黄"滤镜的时长，对齐视频素材的时长，如图6-42所示。执行上述操作后，即可完成特效的制作。

图6-41 添加"青黄"滤镜

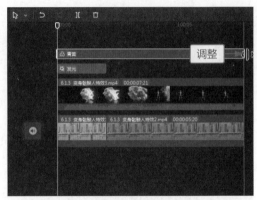

图6-42 调整"青黄"滤镜的时长

## 6.1.4 变身乌鸦消失特效

【效果说明】：在剪映中通过设置转场和合成乌鸦素材就能做出人物变成乌鸦后消失的特效。变身乌鸦消失特效的效果，如图6-43所示。

案例效果 教学视频

图6-43 变身乌鸦消失特效的效果

**STEP 01** 把拍摄的人物举手打响指的视频素材、空镜头素材，以及乌鸦消失素材导入"本地"选项卡中，单击人物视频素材右下角的⊕按钮，把素材添加到视频轨道中，如图6-44所示。

**STEP 02** ❶拖曳空镜头素材至人物举手打响指素材的后面；❷拖曳时间指示器至两段素材之间的位置，如图6-45所示。

图6-44 导入视频素材

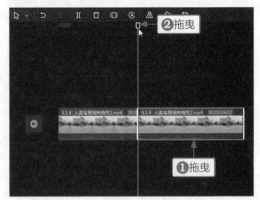

图6-45 拖曳时间指示器至相应位置

**STEP 03** ❶单击"转场"按钮；❷在"基础转场"选项卡中，单击"向上擦除"转场右下角

的 + 按钮，添加转场，如图6-46所示。之后拖曳滑块，设置"转场时长"为1.5s。

**STEP 04** ❶拖曳时间指示器至转场的起始位置；❷拖曳乌鸦素材至画中画轨道中；❸调整乌鸦素材的时长，对齐视频素材的时长，如图6-47所示。

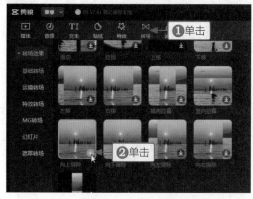
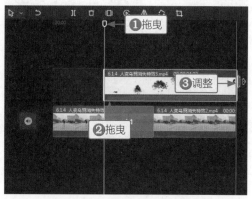

图6-46　添加转场　　　　　　　　　图6-47　设置和调整乌鸦素材

**STEP 05** 在"混合模式"列表框中，选择"正片叠底"选项，抠出乌鸦图像，如图6-48所示。

**STEP 06** 拖曳时间指示器至视频起始位置，❶单击"滤镜"按钮；❷切换至"复古"选项卡；❸单击"普林斯顿"滤镜右下角的 + 按钮，为视频调色，如图6-49所示。

图6-48　抠出乌鸦图像

**STEP 07** 调整"普林斯顿"滤镜的时长，对齐视频素材的时长，如图6-50所示。

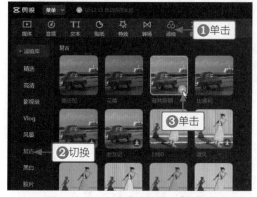
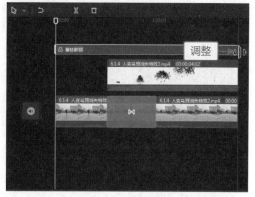

图6-49　添加"普林斯顿"滤镜　　　　　　图6-50　调整"普林斯顿"滤镜的时长

**STEP 08** ❶单击"音频"按钮；❷切换至"卡点"选项卡；❸单击所选音乐右下角的 + 按钮，添加背景音乐，如图6-51所示。

**STEP 09** ❶拖曳时间指示器至视频素材末尾位置；❷单击"分割"按钮，分割音频；

❸单击"删除"按钮 🗑，删除多余的音频，如图6-52所示。执行上述操作后，即可完成特效的制作。

图6-51 添加背景音乐

图6-52 分割和删除音频

# 6.2 经典特效

经典特效是科幻影视剧中比较常见的特效，比如人突然消失了，或者人体分离，还有一些出招特效、透视特效等。本节主要为大家介绍这些特效的制作方法。

## 6.2.1 人物粒子消散特效

【效果说明】：人在挥手间就化成粒子消散了，这是一个比较简单的特效，与变身乌鸦消失特效是相似的制作方法。人物粒子消散特效的效果，如图6-53所示。

案例效果　　教学视频

图6-53 人物粒子消散特效的效果

**STEP 01** 把人物挥手向下弯腰的视频素材、空镜头素材，以及粒子素材导入"本地"选项卡中，单击人物视频素材右下角的⊕按钮，把素材添加到视频轨道中，如图6-54所示。

**STEP 02** ❶拖曳空镜头素材至人物挥手素材的后面；❷拖曳时间指示器至两段素材之间的位置，如图6-55所示。

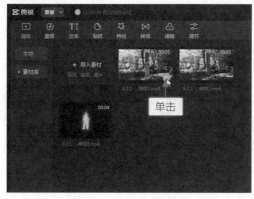

图6-54　导入视频素材

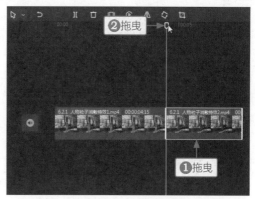

图6-55　拖曳时间指示器至相应位置

**STEP 03** ❶单击"转场"按钮；❷在"基础转场"选项卡中，单击"叠化"转场右下角的⊕按钮，添加转场，如图6-56所示。之后拖曳滑块，设置"转场时长"为1.0s。

**STEP 04** ❶拖曳时间指示器至视频00:00:01:29人物向上挥手的位置；❷拖曳粒子素材至画中画轨道中，如图6-57所示。

图6-56　添加转场

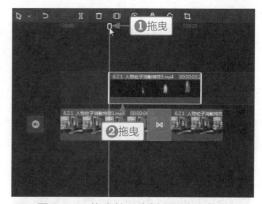

图6-57　拖曳粒子素材至画中画轨道

**STEP 05** 在"混合模式"列表框中，选择"滤色"选项，抠出粒子图像，如图6-58所示。

图6-58　抠出粒子图像

**STEP 06** 拖曳时间指示器至视频起始位置，❶单击"滤镜"按钮；❷切换至Vlog选项卡；❸单击"夏日风吟"滤镜右下角的 ⊕ 按钮，为视频调色，如图6-59所示。

**STEP 07** 调整"夏日风吟"滤镜的时长，对齐视频素材的时长，如图6-60所示。

图6-59 添加"夏日风吟"滤镜

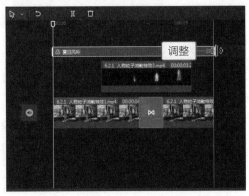

图6-60 调整"夏日风吟"滤镜的时长

**STEP 08** ❶单击"音频"按钮；❷切换至"卡点"选项卡；❸单击所选音乐右下角的 ⊕ 按钮，添加背景音乐，如图6-61所示。

**STEP 09** ❶拖曳时间指示器至视频素材末尾位置；❷单击"分割"按钮 ⅠⅠ，分割音频；❸单击"删除"按钮 🗑，删除多余的音频，如图6-62所示。执行上述操作后，即可完成特效的制作。

图6-61 添加背景音乐

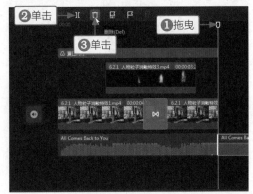

图6-62 分割和删除音频

## 6.2.2 人体分离术特效

【效果说明】：在制作人体分离特效时，要注意素材中的人物在走路时一定要停顿一些时间，以确保做出理想的特效画面。人体分离术特效的效果，如图6-63所示。

案例效果

教学视频

**STEP 01** 把人物走路的素材导入"本地"选项卡中，单击视频素材右下角的 ⊕ 按钮，把素材添加到视频轨道中，如图6-64所示。

**STEP 02** ❶拖曳时间指示器至00:00:00:25人物全身刚进入画面的位置；❷单击"分割"按钮 ⅠⅠ，分割视频，如图6-65所示。

图6-63 人体分离术特效的效果

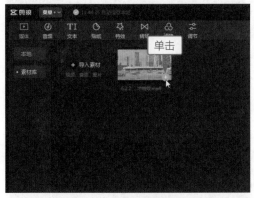

图6-64 导入视频素材

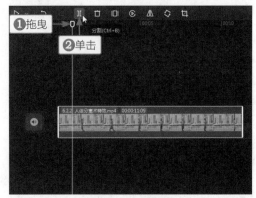

图6-65 分割视频

**STEP 03** 单击"定格"按钮，定格全身素材的画面，如图6-66所示。

**STEP 04** 拖曳定格素材至画中画轨道中，如图6-67所示。

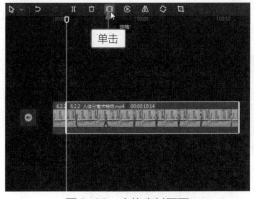

图6-66 定格素材画面

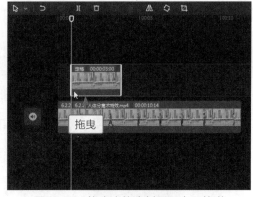

图6-67 拖曳定格素材至画中画轨道

**STEP 05** ❶拖曳时间指示器至00:00:05:23人物回头望的位置；❷单击"分割"按钮，分割视频，如图6-68所示。

**STEP 06** ❶选择定格素材；❷调整定格素材的时长，对齐第三段素材的起始位置，如图6-69所示。

**STEP 07** 复制视频轨道中的第二段素材，粘贴至画中画轨道中，如图6-70所示。

**STEP 08** 调整素材时长，使其末尾位置处于人物走路画面重合的位置，如图6-71所示。

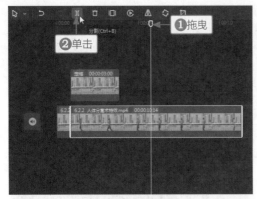

图6-68 分割视频

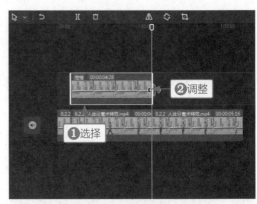

图6-69 选择和调整定格素材

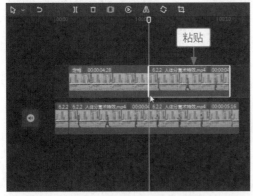

图6-70 复制素材粘贴至画中画轨道

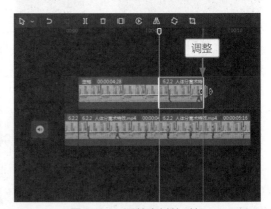

图6-71 调整素材的时长

**STEP 09** 选择定格素材，❶切换至"蒙版"选项卡；❷选择"线性"蒙版；❸调整蒙版的位置，使其位于上衣下方；❹单击"反转"按钮，使画面只露出下半身，如图6-72所示。

图6-72 选择并调整蒙版

**STEP 10** 选择画中画轨道中的第二段素材，❶选择"线性"蒙版；❷调整蒙版的位置，使其与上一步中的"线性"蒙版位置一样；❸单击"反转"按钮，使画面只露出上半身，如图6-73所示。

图6-73 选择并调整第二段素材的蒙版

**STEP 11** 拖曳时间指示器至视频起始位置，❶单击"滤镜"按钮；❷切换至"复古"选项卡；❸单击"普林斯顿"滤镜右下角❶按钮，为视频调色，如图6-74所示。

**STEP 12** 调整"普林斯顿"滤镜的时长，对齐视频素材的时长，如图6-75所示。

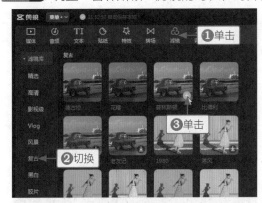

图6-74 添加"普林斯顿"滤镜

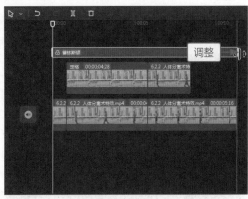

图6-75 调整"普林斯顿"滤镜的时长

**STEP 13** ❶单击"音频"按钮；❷切换至"卡点"选项卡；❸单击所选音乐右下角❶按钮，添加背景音乐，如图6-76所示。

**STEP 14** ❶拖曳时间指示器至视频末尾位置；❷单击"分割"按钮，分割音频；❸单击"删除"按钮，删除音频，如图6-77所示。执行上述操作后，即可完成特效的制作。

图6-76 添加背景音乐

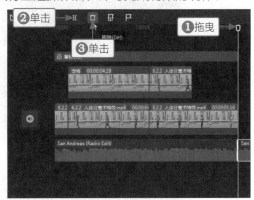

图6-77 分割和删除音频

## 6.2.3 出招特效

【效果说明】：在影视剧中，我们总会看到人物在出招时还带有各种特效，使画面更加精彩。在剪映中可通过添加光环效果，制作出奇幻的出招特效。出招特效的效果，如图6-78所示。

案例效果　　教学视频

图6-78　出招特效的效果

**STEP 01** 把人物双手交叉于胸前然后打开的视频素材、两段光环效果素材导入"本地"选项卡中，单击人物素材右下角的⊕按钮，把素材添加到视频轨道中，如图6-79所示。

**STEP 02** 拖曳第一段光环素材至画中画轨道中，如图6-80所示。

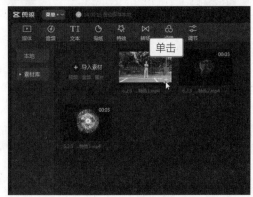
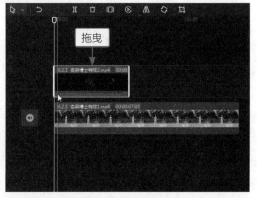

图6-79　导入视频素材　　　　　　　　　　图6-80　拖曳第一段素材至画中画轨道

**STEP 03** 在"混合模式"列表框中，选择"滤色"选项，抠出光环图像，如图6-81所示。

图6-81　抠出光环图像

**STEP 04** ❶拖曳时间指示器至第一段光环素材的末尾位置；❷拖曳第二段光环素材至画中画轨道中，如图6-82所示。

**STEP 05** 调整人物视频素材的时长，对齐第二段光环素材的末尾位置，如图6-83所示。

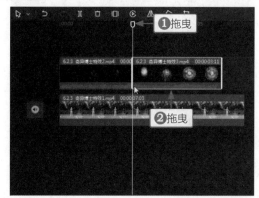

图6-82 拖曳第二段素材至画中画轨道

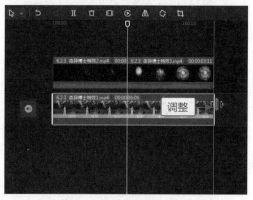

图6-83 调整人物视频素材的时长

**STEP 06** 选择第二段光环素材，❶在"混合模式"列表框中，选择"滤色"选项；❷调整光环的位置和大小，使其处于人物右手位置，如图6-84所示。

**STEP 07** 复制第二段光环素材，粘贴至第二条画中画轨道中，调整其位置，使其处于人物左手位置，如图6-85所示。

**STEP 08** 拖曳时间指示器至视频起始位置，❶单击"音频"按钮，切换至"音效素材"选项卡；❷切换至"打斗"选项区；❸单击所选音效右下角➕按钮，添加背景音效，如图6-86所示。

**STEP 09** 调整音效的时长，对齐画中画轨道中第一段素材的时长，如图6-87所示。

图6-84 设置和调整第二段光环素材

图6-85 调整第二条画中画轨道中光环素材的位置

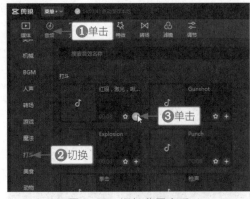

图6-86 添加背景音乐

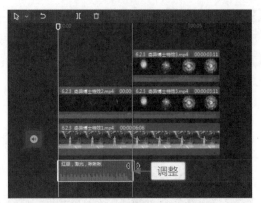

图6-87 调整音效的时长

**STEP 10** ❶单击"滤镜"按钮；❷切换至"风景"选项卡；❸单击"绿妍"滤镜右下角⊕按钮，为视频调色，如图6-88所示。

**STEP 11** 调整"绿妍"滤镜的时长，对齐视频的时长，如图6-89所示。执行上述操作后，即可完成特效的制作。

图6-88 添加"绿妍"滤镜

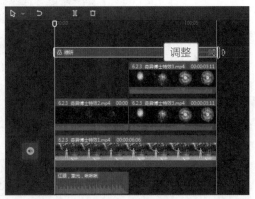

图6-89 调整"绿妍"滤镜的时长

## 6.2.4 透视特效

【效果说明】：透视效果是让人透过道具看到衣服里面的手臂和文字，效果非常的有趣。在剪映中，运用绿幕道具就能轻松做出透视的效果。透视特效的效果，如图6-90所示。

案例效果　　教学视频

**STEP 01** 把人物手臂的视频素材和衣服盖住手臂的视频素材导入"本地"选项卡中，单击人物手臂素材右下角的⊕按钮，把素

图6-90 透视特效的效果

材添加到视频轨道中，如图6-91所示。

**STEP 02** 拖曳衣服盖住手臂的视频素材至画中画轨道中，如图6-92所示。

图6-91　导入视频素材

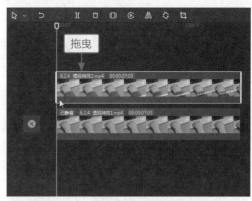

图6-92　拖曳视频素材至画中画轨道

**STEP 03** ❶切换至"抠像"选项卡；❷选中"色度抠图"复选框；❸单击"取色器"按钮🖌，进行取色；❹拖曳圆环，在画面中取样绿色色彩，如图6-93所示。

**STEP 04** 拖曳滑块，设置"强度"参数为10、"阴影"参数为2，如图6-94所示。

**STEP 05** ❶单击"滤镜"按钮；❷切换至"高清"选项卡；❸单击"冷白"滤镜右下角➕按钮，为视频调色，如图6-95所示。

**STEP 06** 调整"冷白"滤镜的时长，对齐视频素材的时长，如图6-96所示。

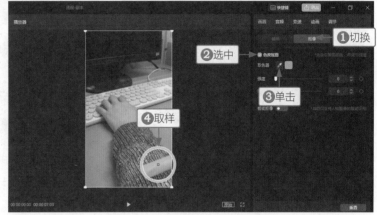

图6-93　在画面中取样绿色色彩

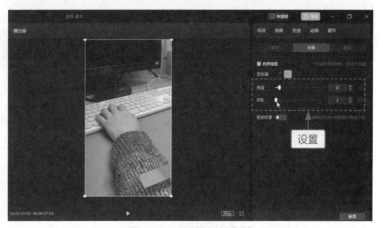

图6-94　设置相关参数

**STEP 07** ❶单击"音频"按钮；❷切换至"音效素材"选项卡；❸切换至BGM选项区；❹单击所选音效右下角➕按钮，添加第一段音效，如图6-97所示。

**STEP 08** 拖曳时间指示器至视频00:00:05:01道具停留的位置，如图6-98所示。

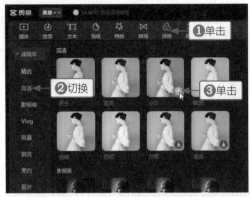

图6-95　添加"冷白"滤镜

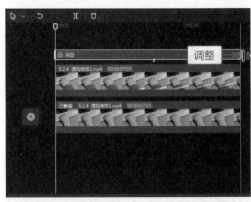

图6-96　调整"冷白"滤镜的时长

图6-97　添加第一段音效

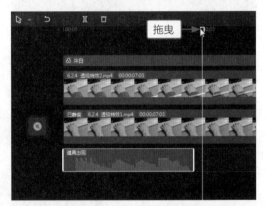

图6-98　拖曳时间指示器至相应位置

**STEP 09** ❶切换至"笑声"选项卡；❷单击所选音效右下角➕按钮，添加第二段音效，如图6-99所示。

**STEP 10** 调整第二段音效的时长和位置，突出重点音效，如图6-100所示。执行上述操作后，即可完成特效的制作。

图6-99　添加第二段音效

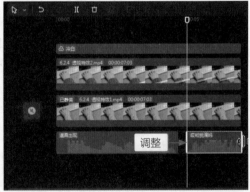

图6-100　调整第二段音效的时长和位置

**知识导读**

剪映中的"智能抠像"和"色度抠图"功能可以做出各种抠图特效。本章先介绍基本的抠图操作方法，帮助大家巩固抠图基础知识，然后分享几例分身特效、背景特效和神奇特效的制作方法，帮助读者制作出有特色的抠图特效。

7 CHAPTER

**第7章**

# 抠图特效

 **本章重点索引**

- 基础抠图
- 分身特效
- 背景特效
- 神奇特效

 **效果欣赏**

# 7.1 基础抠图

　　本节介绍抠图的基本操作方法，掌握这些技巧可以轻松抠出理想的图片效果，为后续制作视频提供保障。下面为大家介绍如何制作绿幕素材和抠出视频中的人像。

## 7.1.1 制作绿幕素材

　　【效果说明】：在剪映中，可以运用"智能抠像"功能制作绿幕素材，制作出来的绿幕素材可以很方便地套用到其他素材中。制作绿幕素材的效果，如图7-1所示。

案例效果　　教学视频

图7-1　制作绿幕素材的效果

**STEP 01** 把人物视频素材和绿幕图片素材导入"本地"选项卡中，单击绿幕素材右下角的❤按钮，把素材添加到视频轨道中，如图7-2所示。

**STEP 02** ❶拖曳人物素材至画中画轨道中；❷调整绿幕素材的时长，对齐人物素材的时长，如图7-3所示。

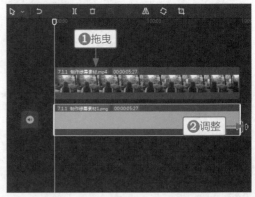

图7-2　导入视频素材　　　　　　图7-3　拖曳人物素材并调整绿幕素材

**STEP 03** ❶设置画面比例为16:9；❷选择人物素材，切换至"抠像"选项卡；❸单击"智能抠像"按钮，抠出人像；❹调整绿幕素材画面的大小，使其铺满屏幕，如图7-4所示。上述操作完成后，即可完成绿幕素材的制作。

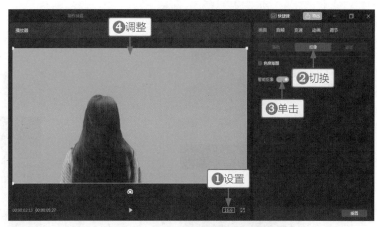

图7-4 抠出人像并调整绿幕素材

## 7.1.2 抠出视频中的人像

【效果说明】：运用抠图功能可以抠出视频中的人像，再添加一些蒙版，就能制作出无人物的空镜头视频素材。抠出视频中人像的效果，如图7-5所示。

案例效果

教学视频

图7-5 抠出视频中人像的效果

**STEP 01** 把人物走路的视频素材导入剪映的"本地"选项卡中，单击人物视频素材右下角的⊕按钮，把素材添加到视频轨道中，如图7-6所示。

**STEP 02** 在视频的前面截一张图，如图7-7所示。

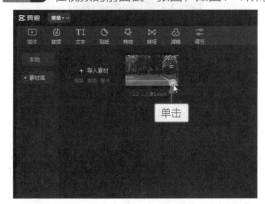

图7-6 导入视频素材

图7-7 在视频的前面截一张图

**STEP 03** 在手机中打开醒图App，点击"导入"按钮，如图7-8所示。

**STEP 04** ❶切换至QQ选项卡；❷选择截图照片，如图7-9所示。

图7-8　点击"导入"按钮

图7-9　选择截图照片

**STEP 05** 点击"编辑照片"按钮，如图7-10所示。

**STEP 06** ❶切换至"人像"选项卡；❷点击"消除笔"按钮，如图7-11所示。

图7-10　点击"编辑照片"按钮

图7-11　点击"消除笔"按钮

**STEP 07** 进入"消除笔"界面，❶放大照片；❷拖曳滑块，设置"画笔大小"参数为4，如图7-12所示。

**STEP 08** 涂抹画面中的人像就可以去除人像，操作完成后，点击右上角的↓按钮，保存素材，如图7-13所示。

图7-12 设置"画笔大小"参数

图7-13 保存素材

**STEP 09** 在剪映中,单击"导入素材"按钮,导入刚才保存的素材,如图7-14所示。

**STEP 10** ❶拖曳素材至画中画轨道中;❷调整其时长,对齐视频的时长,如图7-15所示。

图7-14 导入素材

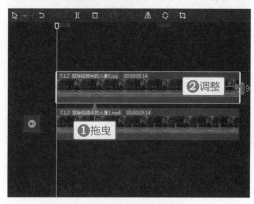

图7-15 调整素材时长

**STEP 11** ❶切换至"蒙版"选项卡;❷选择"圆形"蒙版;❸调整蒙版形状的大小和位置,使其覆盖人物,如图7-16所示。

**STEP 12** ❶单击"滤镜"按钮;❷切换至"风景"选项卡;❸单击"绿妍"滤镜右下角

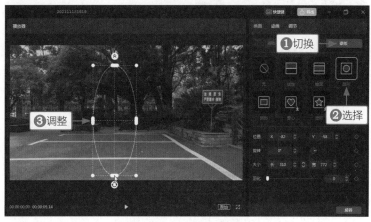

图7-16 选择和调整蒙版

的⊕按钮，为视频调色，如图7-17所示。

**STEP 13** 调整"绿妍"滤镜的时长，对齐视频素材的时长，如图7-18所示。

图7-17 添加"绿妍"滤镜

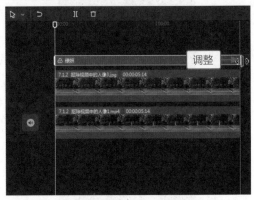

图7-18 调整"绿妍"滤镜的时长

**STEP 14** ❶单击"音频"按钮；❷切换至"旅行"选项卡；❸单击所选音乐右下角的⊕按钮，添加背景音乐，如图7-19所示。

**STEP 15** 调整音频素材的时长，对齐视频素材的时长，如图7-20所示。上述所有操作完成后，即可成功抠出视频中的人像。

图7-19 添加背景音乐

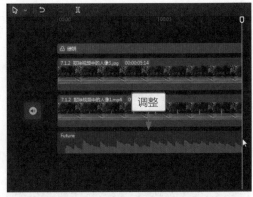

图7-20 调整音频素材的时长

# 7.2 分身特效

　　分身特效以前可以用剪映中的"蒙版"功能制作，随着"智能抠像"功能的出现，制作分身特效更加方便了，且比用"蒙版"功能制作的效果更加自然。本节主要为大家介绍分身拍照特效和一分为三特效的制作方法。

## 7.2.1 分身拍照特效

　　【效果说明】：制作分身拍照特效需要拍摄同一场景下人物在拍照和人物摆姿势的视频素材，之后运用剪映中的"智能抠像"功能把一段素材中的人像抠出来，这样两段视频中的人像就出现在同一个场

案例效果

教学视频

景画面中了。分身拍照特效的效果，如图7-21所示。

图7-21 分身拍照特效的效果

**STEP 01** 把人物拍照和人物摆姿势的视频素材导入"本地"选项卡中，单击人物摆姿势素材右下角的⊕按钮，把素材添加到视频轨道中，如图7-22所示。

**STEP 02** 拖曳人物拍照视频至画中画轨道中，对齐人物摆姿势视频的位置，如图7-23所示。

图7-22 导入视频素材

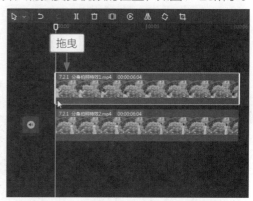

图7-23 拖曳拍照视频至画中画轨道

**STEP 03** ❶切换至"抠像"选项卡；❷单击"智能抠像"按钮，抠出人像，如图7-24所示。

**STEP 04** ❶单击"音频"按钮；❷搜索歌曲；❸单击所选歌曲右下角的⊕按钮，添加背景音乐，如图7-25所示。

图7-24 抠出人像

**STEP 05** ❶拖曳时间指示器至视频素材的末尾位置；❷单击"分割"按钮 ▮▮，分割音频；❸单击"删除"按钮 🗑，删除多余音频，如图7-26所示。执行上述操作后，即可完成特效的制作。

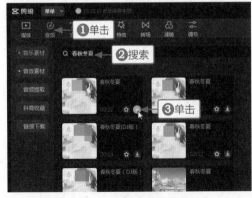

图7-25　添加背景音乐

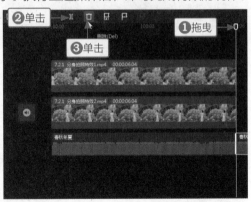

图7-26　分割和删除音频

## 7.2.2　一分为三特效

【效果说明】：与分身拍照的制作过程一样，在剪映中运用"智能抠像"功能就能制作出一分为三特效，让画面中的一个人变身为三个人。一分为三特效的效果，如图7-27所示。

案例效果　　教学视频

图7-27　一分为三特效的效果

**STEP 01** 把人物站在画面中间、画面右边和画面左边的视频素材导入"本地"选项卡中，单击人物站在画面中间素材右下角的➕按钮，把素材添加到视频轨道中，如图7-28所示。

**STEP 02** ❶拖曳时间指示器至视频00:00:02:27人物变身动作完成后的位置；❷拖曳人物站在画面右边的视频素材至第一条画中画轨道中；❸拖曳人物站在画面左边的视频素材至第二条画中画轨道中，如图7-29所示。

图7-28　导入视频素材

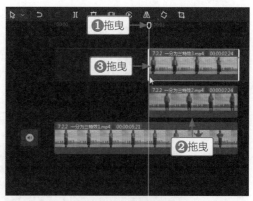

图7-29　拖曳两个素材至画中画轨道

**STEP 03** ❶切换至"抠像"选项卡；❷单击"智能抠像"按钮，抠出人像，如图7-30所示。

图7-30　抠出人像

**STEP 04** 选择第一条画中画轨道中的素材，单击"智能抠像"按钮，再次抠出人像，如图7-31所示。

图7-31　再次抠出人像

**STEP 05** ❶单击"调节"按钮；❷在"调节"面板中拖曳滑块，设置"饱和度"参数为5、"亮度"参数为3、"对比度"参数为14，调整画面的色彩和明度，如图7-32所示。

**STEP 06** 拖曳时间指示器至视频素材的起始位置，❶单击"滤镜"按钮；❷切换至"影视级"选项卡；❸单击"青橙"滤镜右下角的➕按钮，为视频调色，如图7-33所示。

**STEP 07** 调整"青橙"滤镜的时长，对齐视频素材的时长，如图7-34所示。

图 7-32 调整画面色彩和明度

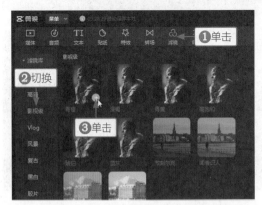

图 7-33 添加"青橙"滤镜

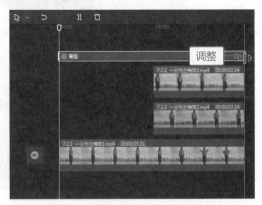

图 7-34 调整"青橙"滤镜的时长

**STEP 08** ❶单击"音频"按钮；❷切换至"卡点"选项卡；❸单击所选音乐右下角的➕按钮，添加背景音乐，如图 7-35 所示。

**STEP 09** ❶拖曳时间指示器至音频 00:00:01:23 的位置；❷单击"分割"按钮 ⅠⅠ，分割音频，如图 7-36 所示。

图 7-35 添加背景音乐

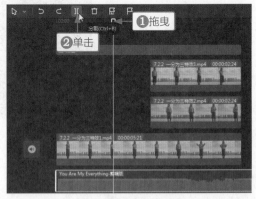

图 7-36 分割音频

**STEP 10** ❶选择分割出来的第一段音频；❷单击"删除"按钮 🗑，删除第一段音频，如图 7-37 所示。

**STEP 11** ❶拖曳音频素材对齐视频素材的起始位置；❷拖曳时间指示器至视频素材的末尾位置；❸单击"分割"按钮 ，分割音频；❹单击"删除"按钮 ，删除多余音频，如图7-38所示。执行上述操作后，即可完成特效的制作。

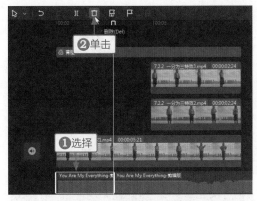

图7-37　删除第一段音频

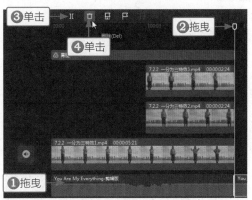

图7-38　分割和删除音频

# 7.3 背景特效

在剪映中，通过"智能抠像"功能可以更换背景，不管是照片还是视频中的背景都能轻松更换，让视频效果更加惊艳。本节主要介绍三种背景特效的制作方法。

## 7.3.1 变换照片天空特效

【效果说明】：照片中的天空都是静止不动的，使用剪映可以添加动态效果，使照片中的天空动起来。变换照片天空特效的效果，如图7-39所示。

案例效果

教学视频

图7-39　变换照片天空特效的效果

**STEP 01** 把人物照片和天空视频素材导入"本地"选项卡中，单击照片素材右下角的➕按钮，把素材添加到视频轨道中，如图7-40所示。

**STEP 02** ❶调整照片素材的时长；❷拖曳时间指示器至视频00:00:01:29的位置；❸拖曳天空素材至画中画轨道中，如图7-41所示。

图7-40 导入视频素材

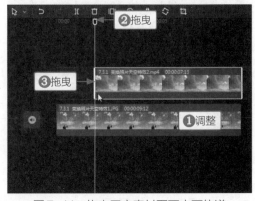

图7-41 拖曳天空素材至画中画轨道

**STEP 03** 调整天空素材的大小和位置，使其覆盖原本天空的部分，如图7-42所示。

**STEP 04** ❶切换至"蒙版"选项卡；❷选择"线性"蒙版；❸调整蒙版的位置；❹长按◙按钮，旋转角度为-2°；❺长按✕按钮并向上拖曳，设置"羽化"参数为19，让天空的过渡效果更加自然，如图7-43所示。

**STEP 05** 拖曳照片素材至第二条画中画轨道中，如图7-44所示。

**STEP 06** 调整第二条画中画轨道中照片素材的时长，对齐视频轨道中素材的时长，如图7-45所示。

图7-42 调整天空素材

图7-43 设置和调整蒙版

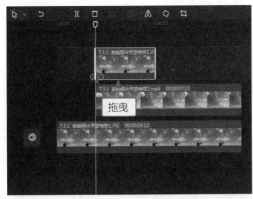

图7-44　拖曳照片素材至第二条画中画轨道

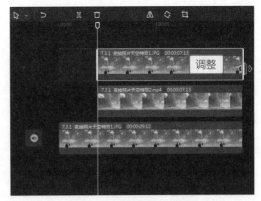

图7-45　调整素材的时长

**STEP 07** ❶切换至"抠像"选项卡；❷单击"智能抠像"按钮，把人像抠出来，如图7-46所示。

**STEP 08** 拖曳时间指示器至视频起始位置，❶单击"特效"按钮；❷切换至"基础"选项卡；❸单击"变清晰"特效右下角的⊕按钮，添加开幕特效，如图7-47所示。

**STEP 09** 拖曳时间指示器至视频00:00:03:09的位置，如图7-48所示。

图7-46　抠出人像

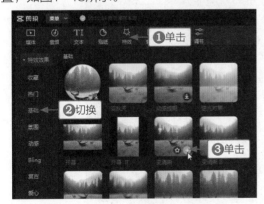

图7-47　添加"变清晰"开幕特效

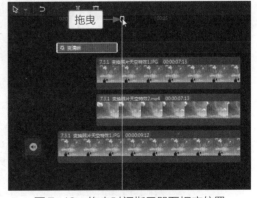

图7-48　拖曳时间指示器至相应位置

**STEP 10** ❶单击"贴纸"按钮；❷切换至"婚礼"选项卡；❸单击所选贴纸右下角的⊕按钮，添加第一款贴纸，如图7-49所示。

**STEP 11** 调整贴纸的时长，对齐视频素材的末尾位置，如图7-50所示。

**STEP 12** 继续选择贴纸，单击所选贴纸右下角的⊕按钮，添加第二款贴纸，如图7-51所示。

**STEP 13** 调整贴纸的时长，对齐视频素材的末尾位置，如图7-52所示。

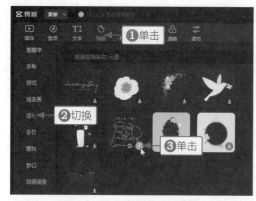
图 7-49　添加第一款贴纸

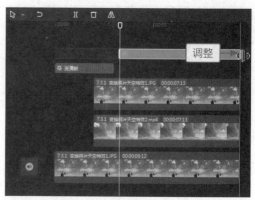
图 7-50　调整贴纸的时长

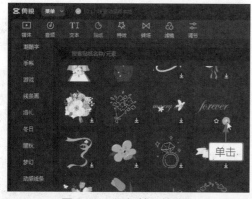
图 7-51　添加第二款贴纸

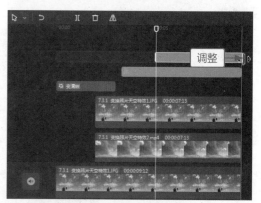
图 7-52　调整贴纸的时长

**STEP 14** 调整两款贴纸在画面中的位置，使其处于天空的中心，如图7-53所示。

图 7-53　调整两款贴纸的位置

**STEP 15** 拖曳时间指示器至视频起始位置，❶单击"音频"按钮；❷切换至"抖音收藏"选项卡；❸单击所选音乐右下角的 ⊕ 按钮，添加背景音乐，如图7-54所示。

**STEP 16** ❶拖曳时间指示器至视频素材的末尾位置；❷单击"分割"按钮 Ⅱ，分割音频；❸单击"删除"按钮 □，删除多余音频，如图7-55所示。执行上述操作后，即可完成特效的制作。

图 7-54 添加背景音乐

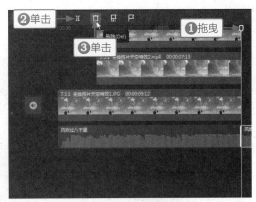

图 7-55 分割和删除音频

## 7.3.2 漫步天空之镜特效

案例效果　　教学视频

【效果说明】：运用剪映可以制作出漫步天空之镜的特效，实现人在天空中漫步的唯美画面。漫步天空之镜特效的效果展示，如图7-56所示。

**STEP 01** 把天空背景视频素材和人物走路的视频素材导入"本地"选项卡中，单击天空素材右下角的⊕按钮，把素材添加到视频轨道中，如图7-57所示。

**STEP 02** 拖曳人物走路的视频素材至画中画轨道中，如图7-58所示。

图 7-56 漫步天空之镜特效的效果

图 7-57 添加视频素材

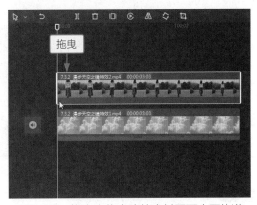

图 7-58 拖曳人物走路的素材至画中画轨道

**STEP 03** ❶切换至"抠像"选项卡；❷单击"智能抠像"按钮，把人像抠出来，如图7-59所示。

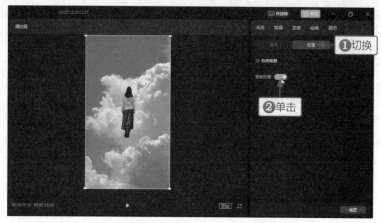

图7-59 抠出人像

**STEP 04** ❶切换至"基础"选项卡；❷调整人物素材在天空背景画面中的大小和位置，如图7-60所示。

图7-60 调整人物素材

**STEP 05** ❶复制第一条画中画轨道中的素材，粘贴至第二条画中画轨道中；❷单击"镜像"按钮◭，翻转素材画面，如图7-61所示。

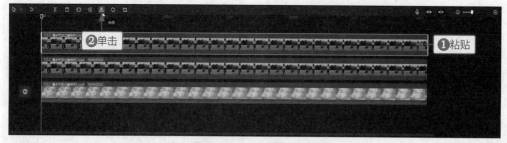

图7-61 翻转素材画面

**STEP 06** ❶调整人物素材的位置和角度；❷拖曳滑块，设置"不透明度"参数为40%，让倒影变得透明一些，如图7-62所示。上述操作完成后，即完成特效的制作。

图 7-62　调整和设置人物素材

## 7.3.3 保留人物色彩特效

【效果说明】：在剪映中的调色功能可以做出背景黑白、人像却保留色彩的特效视频。保留人物色彩特效的效果，如图7-63所示。

**STEP 01** 把人物走路然后转身回头的视频素材导入"本地"选项卡中，单击人物素材右下角的 ⊕ 按钮，把素材添加到视频轨道中，如图7-64所示。

**STEP 02** ❶拖曳时间指示器至视频00:00:04:05人物转身回头的位置；❷单击"分割"按钮 ，分割视频；❸把分割后的第二段素材复制粘贴至画中画轨道中，如图7-65所示。

图 7-63　保留人物色彩特效的效果

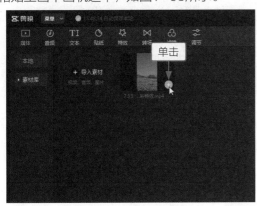

图 7-64　导入视频素材

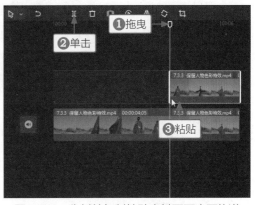

图 7-65　分割并复制粘贴素材至画中画轨道

**STEP 03** 选择视频轨道中的第一段素材，❶单击"调节"按钮；❷切换至HSL选项卡；❸拖曳滑块，设置红色选项的"饱和度"参数为-100，如图7-66所示。

图7-66 设置红色选项的"饱和度"参数

**STEP 04** 用同样的方法，将剩下七个选项的"饱和度"参数都设置为-100，将画面调成黑白色，如图7-67所示。

图7-67 设置七个选项的"饱和度"参数

**STEP 05** 选择视频轨道中的第二段素材，用与上面同样的方法，将橙色、黄色、绿色、青色和蓝色选项的"饱和度"参数设置为-100，如图7-68所示。

图7-68 设置相关色彩参数

**STEP 06** 选择画中画轨道中的素材，❶单击"画面"按钮；❷切换至"抠像"选项卡；❸单击"智能抠像"按钮，把人物抠出来，如图7-69所示。

**STEP 07** 拖曳时间指示器至画中画轨道中素材的起始位置，❶单击"不透明度"右侧的◇按钮，添加关键帧◆；❷拖曳滑块，设置"不透明度"参数为30%，如图7-70所示。

图 7-69　抠出人像

图 7-70　添加关键帧并设置不透明度

**STEP 08** 拖曳时间指示器至画中画轨道中素材的末尾位置，拖曳滑块，设置"不透明度"参数为100%，"不透明度"右侧会自动生成关键帧◆，如图7-71所示。

图 7-71　设置"不透明度"参数

**STEP 09** 拖曳时间指示器至画中画轨道中素材的起始位置，❶单击"特效"按钮；❷切换至"自然"选项卡；❸单击"花瓣飞扬"特效右下角的⊕按钮，添加特效，如图7-72所示。

**STEP 10** 调整"花瓣飞扬"特效的时长，对齐视频素材的末尾位置，如图7-73所示。

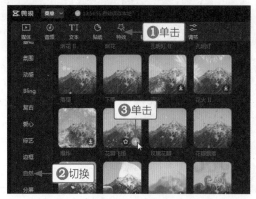

图7-72 添加"花瓣飞扬"特效

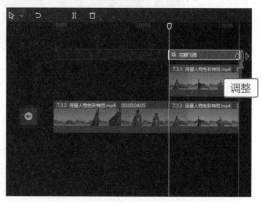

图7-73 调整"花瓣飞扬"特效的时长

**STEP 11** 拖曳时间指示器至视频起始位置，❶单击"音频"按钮；❷切换至"国风"选项卡；❸单击所选音乐右下角的 ⊕ 按钮，添加背景音乐，如图7-74所示。

**STEP 12** 调整背景音乐的时长，如图7-75所示。执行上述操作后，即可完成特效的制作。

图7-74 添加背景音乐

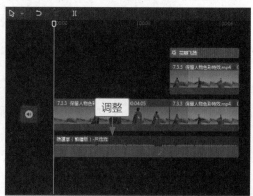

图7-75 调整背景音乐的时长

# 7.4 神奇特效

运用剪映中的抠图功能还能做出各种神奇的特效视频，比如电动车变飞车、和电影中的人物同框，以及变成另一张脸等。本节主要为大家介绍这些特效的制作方法。

## 7.4.1 电动车变飞车特效

【效果说明】：运用剪映中的"色度抠图"功能，可以制作电动车变成带螺旋桨的飞车的特效。电动车变飞车特效的效果，如图7-76所示。

案例效果　　教学视频

**STEP 01** 把人物开车的视频素材、同一场景下的空镜头素材、骑车的抠图素材，以及各种特效素材导入"本地"选项卡中，单击空镜头素材右下角的 ⊕ 按钮，把素材添加到视频轨道中，如图7-77所示。

**STEP 02** 拖曳人物开车的视频素材至画中画轨道中，如图7-78所示。

图7-76　电动车变飞车特效的效果

 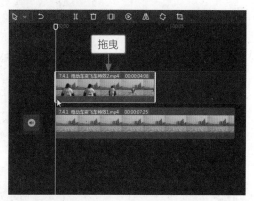

图7-77　导入视频素材　　　　　　图7-78　拖曳开车素材至画中画轨道

**STEP 03** ❶拖曳时间指示器至人物素材的末尾位置；❷拖曳抠图素材至第二条画中画轨道中；❸调整抠图素材的时长，对齐空镜头素材的末尾位置，如图7-79所示。

**STEP 04** ❶拖曳螺旋桨素材至第三条画中画轨道中；❷拖曳冒烟素材至第四条画中画轨道中，如图7-80所示。

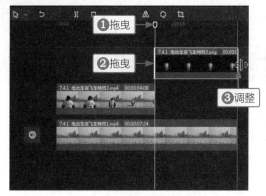 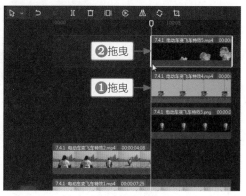

图7-79　调整抠图素材的时长　　　　图7-80　拖曳冒烟素材至第四条画中画轨道

**STEP 05** 选择螺旋桨素材，❶切换至"抠像"选项卡；❷选中"色度抠图"复选框；❸单击"取色器"按钮✐，进行取色；❹拖曳圆环，在画面中取样绿色色彩，如图7-81所示。

图7-81 在画面中取样绿色色彩

**STEP 06** 拖曳滑块，设置"强度"和"阴影"参数为100，抠出素材图像，如图7-82所示。

图7-82 抠出素材图像

**STEP 07** 选择冒烟素材，❶切换至"基础"选项卡；❷在"混合模式"列表框中，选择"滤色"选项，如图7-83所示。

图7-83 设置混合模式

**STEP 08** 选择抠图素材，拖曳时间指示器至视频00:00:04:09抠图素材的起始位置，❶单击"不透明度""位置"和"缩放"右侧的◇按钮，添加三个关键帧◆；❷调整人物素材的大小和位置，覆盖原人物的画面，如图7-84所示。

图7-84　添加关键帧并调整人物素材

**STEP 09** 选择螺旋桨素材，❶单击"不透明度""位置"和"缩放"右侧的◇按钮，添加三个关键帧◆；❷调整螺旋桨素材的位置，使其处于电动车的后面，如图7-85所示。

图7-85　调整螺旋桨素材的位置

**STEP 10** 选择冒烟素材，❶单击"不透明度""位置"和"缩放"右侧的◇按钮，添加三个关键帧◆；❷调整冒烟素材的位置，使其处于螺旋桨出气筒上的位置，如图7-86所示。

图7-86　调整冒烟素材的位置

**STEP 11** 拖曳时间指示器至视频素材末尾位置，❶调整抠图素材、螺旋桨素材和冒烟素材的大小和位置，使其处于画面最上面；❷拖曳滑块，设置"不透明度"参数为0%，"不透明度""位置"和"缩放"右侧会自动生成关键帧◆，让飞车飞上天空时，越变越小，直至消失，如图7-87所示。

图7-87 调整和设置各素材

**STEP 12** 拖曳时间指示器至视频00:00:07:14的位置，拖曳滑块，设置冒烟素材的"不透明度"参数为90%，如图7-88所示。用同样的方法，将抠图素材和螺旋桨素材的"不透明度"参数也设置为90%，"不透明度"右侧会自动生成关键帧◆。

图7-88 设置冒烟素材的不透明度

**STEP 13** 拖曳时间指示器至视频起始位置，❶单击"滤镜"按钮；❷切换至"风景"选项卡；❸单击"绿妍"滤镜右下角的➕按钮，为视频调色，如图7-89所示。

**STEP 14** 调整"绿妍"滤镜的时长，对齐视频素材的时长，如图7-90所示。

**STEP 15** ❶单击"特效"按钮；❷切换至"基础"选项卡；❸单击"变清晰"特效右下角的➕按钮，添加开幕特效，如图7-91所示。

**STEP 16** ❶拖曳时间指示器至螺旋桨素材的起始位置；❷拖曳烟雾素材至第五条画中画轨道中，如图7-92所示。

图7-89 添加"绿妍"滤镜

图7-90 调整"绿妍"滤镜的时长

图7-91 添加"变清晰"开幕特效

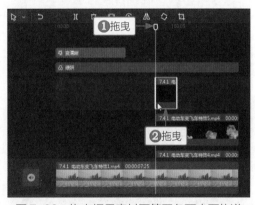

图7-92 拖曳烟雾素材至第五条画中画轨道

**STEP 17** ❶在"混合模式"列表框中，选择"滤色"选项；❷调整烟雾素材的位置，使其处于电动车的下方，如图7-93所示。

**STEP 18** ❶切换至"蒙版"选项卡；❷选择"线性"蒙版；❸调整蒙版的位置；❹长按⟪按钮并向上拖曳，设置"羽化"参数为8，让烟雾素材更加自然，如图7-94所示。

**STEP 19** 拖曳时间指示器至视频起始位置，❶单击"音频"按钮；❷切换至"抖音收藏"选项卡；❸单击所选音乐右下角的⊕按钮，添加背景音乐，如图7-95所示。

**STEP 20** 调整音频的时长，对齐视频素材的时长，如图7-96所示。执行上述操作后，即可完成特效的制作。

图7-93 调整烟雾素材的位置

图 7-94　设置和调整烟雾素材

图 7-95　添加背景音乐

图 7-96　调整音频的时长

## 7.4.2 电影同框特效

【效果说明】：运用基础抠图功能，可以制作出人像绿幕素材和电影背景素材，然后合成电影同框特效，让现实中的人进入电影画面中。电影同框特效的效果，如图7-97所示。

案例效果　　教学视频

图 7-97　电影同框特效的效果

STEP 01　把电影背景视频素材、人像视频素材和电影背景绿幕素材导入"本地"选项卡中，单击电影背景素材右下角的⊕按钮，把素材添加到视频轨道中，如图7-98所示。

STEP 02　拖曳人像视频素材至画中画轨道，如图7-99所示。

图 7-98 导入视频素材

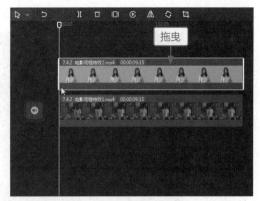

图 7-99 拖曳人像素材至画中画轨道

**STEP 03** ❶切换至"抠像"选项卡；❷单击"智能抠像"按钮，把人像抠出来，如图7-100所示。

图 7-100 抠出人像

**STEP 04** ❶调整人物的大小和位置，使其处于画面的左边位置；❷拖曳滑块，设置"不透明度"参数为67%，让人像更加自然，如图7-101所示。

图 7-101 调整和设置人像素材

**STEP 05** ❶单击"调节"按钮；❷在"调节"面板中拖曳滑块，设置"亮度"参数为-25，让人像的画面明度与背景更加和谐，如图7-102所示。

图7-102 调整人像的明度

**STEP 06** 拖曳电影背景绿幕素材至第二条画中画轨道中，让桌子与人像之间过渡得更加自然，如图7-103所示。

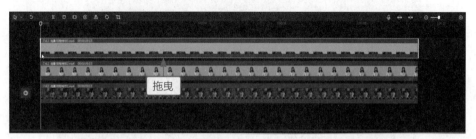

图7-103 拖曳电影背景绿幕素材至第二条画中画轨道

**STEP 07** ❶切换至"抠像"选项卡；❷选中"色度抠图"复选框；❸单击"取色器"按钮✐进行取色；❹拖曳圆环，在画面中取样绿色色彩，如图7-104所示。绿幕素材的画面最好与原背景素材大小相近。

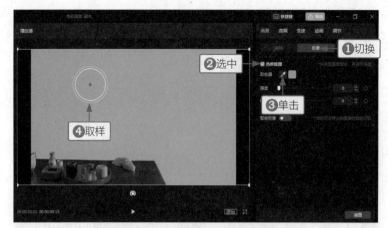

图7-104 在画面中取样绿色色彩

**STEP 08** 拖曳滑块，设置"强度"参数为100，把绿幕素材中的桌子背景抠出来，如图7-105所示。

图 7-105 抠出桌子背景

**STEP 09** ❶单击"调节"按钮；❷切换至HSL选项卡；❸选择相关选项，设置相关参数，让背景色彩更加自然，如图7-106所示。

图 7-106 设置相关参数

**STEP 10** ❶切换至"基础"选项卡；❷拖曳滑块，设置"不透明度"参数为80%，让桌子背景更加自然，如图7-107所示。

图 7-107 设置"不透明度"参数

**STEP 11** ❶单击"音频"按钮；❷切换至"抖音收藏"选项卡；❸单击所选音乐右下角的 ⊕ 按钮，添加背景音乐，如图7-108所示。

**STEP 12** 调整音频的时长，对齐视频素材的时长，如图7-109所示。执行上述操作后，即可完成特效的制作。

图7-108　添加背景音乐

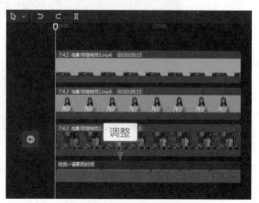

图7-109　调整音频的时长

## 7.4.3 换脸特效

【效果说明】：在剪映中，运用"智能抠像"功能和"蒙版"功能就可以制作出换脸特效，效果非常神奇。换脸特效的效果，如图7-110所示。

案例效果　　教学视频

图7-110　换脸特效的效果

**STEP 01** 把换脸前的视频素材和换脸后的视频素材导入"本地"选项卡中，单击换脸前视频素材右下角的 ⊕ 按钮，把素材添加到视频轨道中，如图7-111所示。

**STEP 02** ❶拖曳时间指示器至视频末尾位置；❷单击"定格"按钮 ▣，把结尾画面定格出来，如图7-112所示。

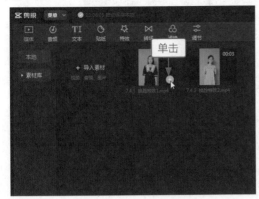

图7-111　导入视频素材

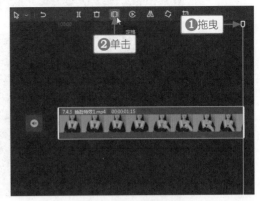

图7-112　定格画面

**STEP 03** 拖曳换脸后的视频素材至画中画轨道中，如图7-113所示。

**STEP 04** 调整视频轨道中定格素材的时长，对齐换脸后视频素材的时长，如图7-114所示。

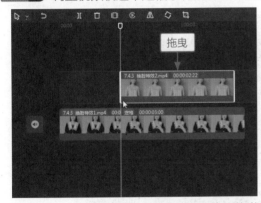

图7-113　拖曳换脸后的视频素材至画中画轨道

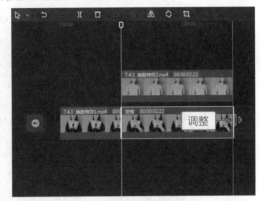

图7-114　调整素材的时长

**STEP 05** 选择换脸后的视频素材，❶切换至"抠像"选项卡；❷单击"智能抠像"按钮，把人像抠出来，如图7-115所示。

**STEP 06** ❶切换至"蒙版"选项卡；❷选择"圆形"蒙版；❸调整蒙版的形状和大小，只露出人像的脸部；❹长按◇按钮并向上拖曳，设置"羽化"参数为2，让脸部与背景画面的过渡更加自然，如图7-116所示。

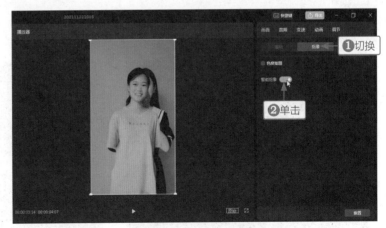

图7-115　抠出人像

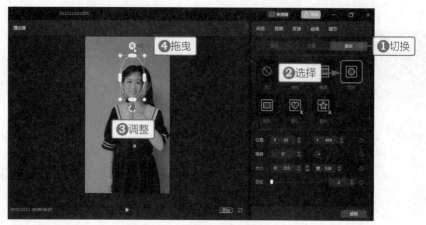

图 7-116　设置和调整蒙版

**STEP 07** ❶切换至"基础"选项卡；❷调整脸部素材的位置，盖住原来脸部的画面，如图 7-117所示。

图 7-117　调整脸部素材的位置

**STEP 08** 拖曳时间指示器至视频起始位置，❶单击"特效"按钮；❷切换至"氛围"选项卡；❸单击"魔法变身"特效右下角的 ⊕ 按钮，添加特效，如图 7-118所示。

**STEP 09** 调整"魔法变身"特效的时长，对齐视频素材的时长，如图 7-119所示。

图 7-118　添加"魔法变身"特效

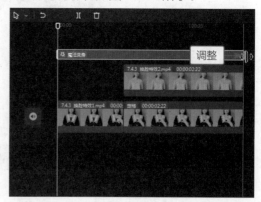

图 7-119　调整"魔法变身"特效的时长

**STEP 10** ❶单击"音频"按钮；❷在"音效素材"选项卡中切换至"魔法"选项区；❸单击"闪闪亮3"音效右下角的➕按钮，添加背景音乐，如图7-120所示。

**STEP 11** 拖曳时间指示器至定格素材的起始位置，如图7-121所示。

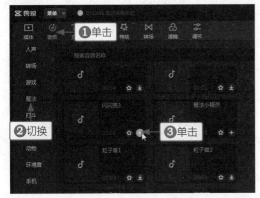

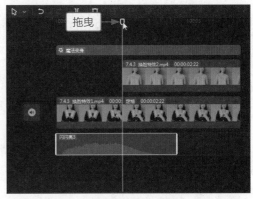

图7-120 添加背景音乐　　　　　　　　　图7-121 拖曳时间指示器至相应位置

**STEP 12** ❶搜索"你别笑"音效；❷单击所选音效右下角的➕按钮，添加第二段音效，如图7-122所示。

**STEP 13** 调整"你别笑"音效的时长，对齐视频的末尾位置，如图7-123所示。执行上述操作后，即可完成特效的制作。

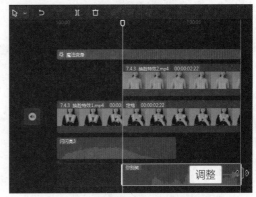

图7-122 添加"你别笑"音效　　　　　　　图7-123 调整"你别笑"音效的时长

# 8 CHAPTER

# 第8章

本章介绍的特效比较多样，因此统一归类为其他特效。在本章中主要有高科技特效、念力特效和实用特效，在制作过程中所运用到的功能和知识点都比较综合，读者在学习时，可以回顾一下前几章的内容，能够更好地巩固所学的特效知识。

# 其他特效

 **本章重点索引**

- 高科技特效
- 念力特效
- 实用特效

 **效果欣赏**

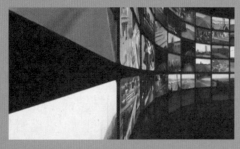

# 8.1 高科技特效

　　高科技特效制作出的画面通常在现实生活中是见不到的，比如战斗机发射子弹把屏幕击碎、人划开墙壁逃走等，这些都属于高科技特效，这些不常见的特效更能吸引观众。本节主要为大家介绍高科技特效的制作方法。

## 8.1.1 战斗机射击特效

　　【效果说明】：在剪映中运用"色度抠图"功能，可以做出战斗机射击的特效。这个特效最好在背景简洁的视频中制作，效果会更好。战斗机射击特效的效果，如图8-1所示。

案例效果　　教学视频

图8-1　战斗机射击特效的效果

**STEP 01** 把背景视频素材和战斗机绿幕素材导入"本地"选项卡中，单击背景素材右下角的 ⊕ 按钮，把素材添加到视频轨道中，如图8-2所示。

**STEP 02** 拖曳战斗机绿幕素材至画中画轨道中，如图8-3所示。

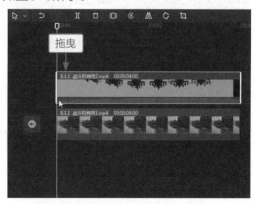

图8-2　导入视频素材　　　　　图8-3　拖曳背景素材至画中画轨道

**STEP 03** ①切换至"抠像"选项卡；②选中"色度抠图"复选框；③单击"取色器"按钮 ✐，进行取色；④拖曳圆环，在画面中取样绿色色彩，如图8-4所示。

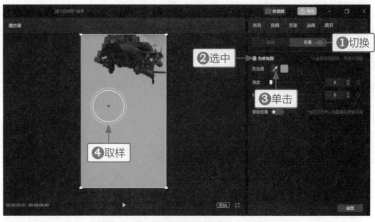

图8-4　在画面中取样绿色色彩

**STEP 04** 拖曳滑块，设置"强度"参数为86、"阴影"参数为76，抠出战斗机素材，如图8-5所示。

图8-5　抠出战斗机素材

**STEP 05** ①单击"特效"按钮；②切换至"氛围"选项卡；③单击"玻璃破碎"特效右下角的 ⊕ 按钮，添加特效，如图8-6所示。

**STEP 06** 调整"玻璃破碎"特效的位置和时长，对准战斗机发射子弹的位置，如图8-7所示。执行上述操作后，即可完成特效的制作。

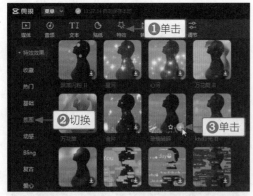

图8-6　添加"玻璃破碎"特效

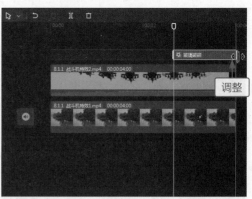

图8-7　调整"玻璃破碎"特效的位置和时长

## 8.1.2　划墙逃走特效

【效果说明】：在剪映中制作划墙逃走特效时，可以配合一定的剧情，能让特效更加有趣。划墙逃走特效的效果，如图8-8所示。

**STEP 01** 把人物追赶划墙逃走、火花素材和同一场景下的空镜头素材导入"本地"选项卡中，单击人物追赶素材右下角的⊕按钮，把素材添加到视频轨道中，如图8-9所示。

**STEP 02** ❶拖曳时间指示器至视频00:00:02:23人物举手机划墙的位置；❷拖曳火花素材至画中画轨道中，如图8-10所示。

案例效果　　教学视频

图8-8　划墙逃走特效的效果

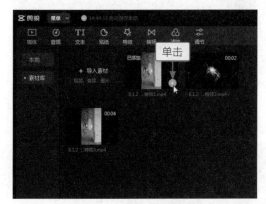

图8-9　导入视频素材

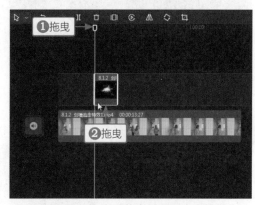

图8-10　拖曳火花素材至画中画轨道

**STEP 03** ❶在"混合模式"列表框中，选择"滤色"选项；❷单击"位置"右侧的◆按钮，添加关键帧◆；❸调整火花的位置，使其处于手机前面，如图8-11所示。

图8-11　设置和调整火花素材

**STEP 04** 拖曳时间指示器至火花素材的末尾位置，调整火花素材的位置，使其处于下方手机前面的位置，"位置"右侧自动添加关键帧◆，如图8-12所示。

**STEP 05** 根据手机的位置，在火花素材中间多调整几次位置，火花素材会自动添加关键帧，如图8-13所示。

图8-12　调整火花素材的位置

**STEP 06** ①拖曳时间指示器至视频00:00:05:02人物过墙逃走的位置；②拖曳空镜头素材至画中画轨道中，如图8-14所示。

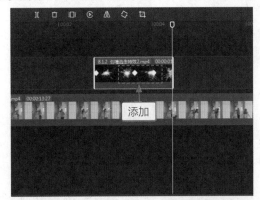

图8-13　自动添加火花素材关键帧

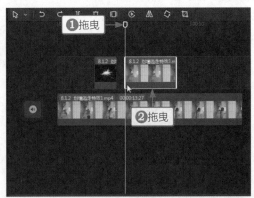

图8-14　拖曳空镜头素材至画中画轨道

**STEP 07** ①切换至"蒙版"选项卡；②选择"线性"蒙版；③调整蒙版的角度和位置，使其处于墙壁位置，实现人物穿墙逃走的效果，如图8-15所示。

**STEP 08** 拖曳时间指示器至视频起始位置，①单击"滤镜"按钮；②切换至"复古"选项卡；③单击"普林斯顿"滤镜右下角的⊕按钮，给视频调色，如图8-16所示。

图8-15　设置和调整蒙版

**STEP 09** 调整"普林斯顿"滤镜的时长，对齐视频素材的时长，如图8-17所示。

图8-16 添加"普林斯顿"滤镜

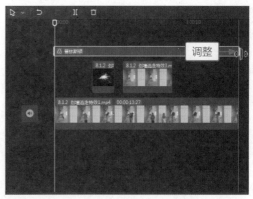

图8-17 调整"普林斯顿"滤镜的时长

**STEP 10** ❶单击"音频"按钮；❷切换至"音频提取"选项卡；❸单击"导入素材"按钮，如图8-18所示。

**STEP 11** 选择音频素材，成功提取音频后，单击提取的音频素材右下角的➕按钮，添加背景音乐，如图8-19所示。

图8-18 导入音频素材

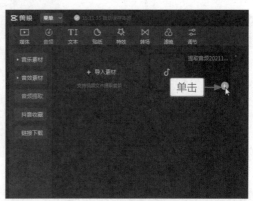

图8-19 添加背景音乐

**STEP 12** ❶切换至"音效素材"选项卡；❷搜索音效；❸单击所选音效右下角的➕按钮，添加场景音效，如图8-20所示。

**STEP 13** 调整音效素材的位置，对齐视频素材的末尾位置，如图8-21所示。执行上述操作后，即可完成特效的制作。

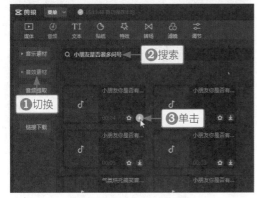

图8-20 添加场景音效

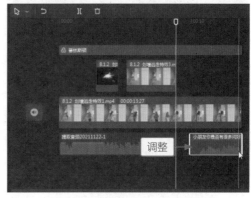

图8-21 调整音效素材的位置

# 8.2 念力特效

念力特效是指使用特效让画面中的人物如运用念力般控制物体，这个特效与魔法特效有些相似点，效果都比较奇幻。本节主要介绍控石特效、控雨特效和控制树叶特效的制作方法。

## 8.2.1 控石特效

**【效果说明】**：制作控石特效的重点是人物的姿势和动作，只需一点演技就能让视频效果更加惊艳。控石特效的效果，如图8-22所示。

案例效果　　教学视频

**STEP 01** 把人物抬手的视频素材和石头蓝幕素材导入"本地"选项卡中，单击人物素材右下角的⊕按钮，把素材添加到视频轨道中，如图8-23所示。

**STEP 02** ❶拖曳石头蓝幕素材至画中画轨道中；❷调整其时长，对齐人物视频的时长，如图8-24所示。

图8-22　控石特效的效果

图8-23　导入视频素材

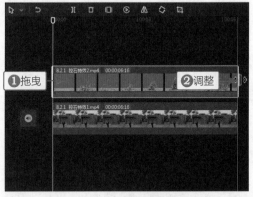

图8-24　导入并调整石头素材

**STEP 03** ❶切换至"抠像"选项卡；❷选中"色度抠图"复选框；❸单击"取色器"按钮📌，进行取色；❹拖曳圆环，在画面中取样蓝色色彩，如图8-25所示。

**STEP 04** 拖曳滑块，设置"强度"参数为70，抠出素材，如图8-26所示。

**STEP 05** ❶切换至"基础"选项卡；❷调整素材的位置和大小，使其处于脚底左右的位置，如图8-27所示。执行上述操作后，即可完成特效的制作。

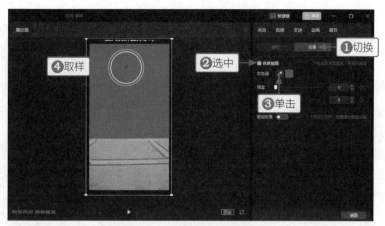

图8-25 在画面中取样蓝色色彩

图8-26 抠出素材

图8-27 调整素材的位置和大小

## 8.2.2 控雨特效

【效果说明】：在制作控雨特效时，要注重运镜方向和人物的姿势，只有两者配合得好才能制作出理想的效果。控雨特效的效果，如

案例效果

教学视频

图8-28所示。

**STEP 01** 把人物举手的视频素材
和下雨素材导入"本地"选项卡
中，单击人物素材右下角的⊕按
钮，把素材添加到视频轨道中，
如图8-29所示。

**STEP 02** ❶拖曳下雨素材至画中
画轨道中；❷调整人物素材的时
长，对齐下雨素材的时长，如
图8-30所示。

图8-28 控雨特效的效果

图8-29 导入视频素材

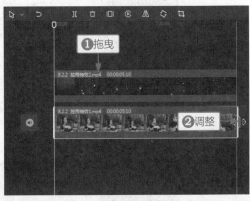

图8-30 拖曳并对齐下雨和人物素材

**STEP 03** 选择下雨素材，
❶在"混合模式"列表框
中，选择"滤色"选项；
❷调整下雨素材的大
小，使其覆盖画面，如
图8-31所示。

图8-31 设置和调整下雨素材

**STEP 04** ❶单击"特效"按钮；❷切换至"自然"选项卡；❸单击"下雨"特效右下角的⊕按钮，添加特效，如图8-32所示。

**STEP 05** 调整"下雨"特效的时长，对齐视频素材的时长，如图8-33所示。

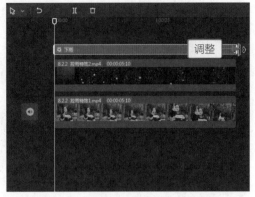

图8-32　添加"下雨"特效　　　　　　　图8-33　调整"下雨"特效的时长

**STEP 06** ❶单击"音频"按钮；❷切换至"卡点"选项卡；❸单击所选音乐右下角的⊕按钮，添加背景音乐，如图8-34所示。

**STEP 07** 调整音频的时长，对齐视频素材的时长，如图8-35所示。执行上述操作后，即可完成特效的制作。

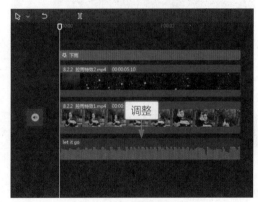

图8-34　添加背景音乐　　　　　　　　图8-35　调整音频的时长

## 8.2.3　控制树叶特效

【效果说明】：控制树叶特效需要用到剪映中的"智能抠像"功能，把人像抠出来，从而让树叶处于人像的后面，后期又需要把树叶转化到人像的前面，因此只需抠出素材前面的一段人像即可。控制树叶特效的效果，如图8-36所示。

案例效果　　教学视频

**STEP 01** 把人物抬手的视频素材和树叶特效素材导入"本地"选项卡中，单击人物素材右下角的⊕按钮，把素材添加到视频轨道中，如图8-37所示。

**STEP 02** ❶拖曳时间指示器至视频00:00:09:05的位置；❷单击"分割"按钮▮▮，分割素材，如图8-38所示。

图 8-36　控制树叶特效的效果

图 8-37　导入视频素材

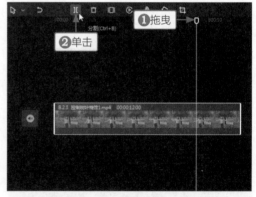

图 8-38　分割视频素材

**STEP 03** 把分割完成的第一段素材复制并粘贴至画中画轨道中，对齐视频轨道中素材的起始位置，如图8-39所示。

**STEP 04** 拖曳树叶素材至第二条画中画轨道中，如图8-40所示。

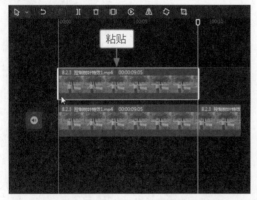

图 8-39　复制素材粘贴至画中画轨道

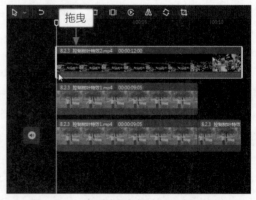

图 8-40　拖曳树叶素材至画中画轨道

**STEP 05** 在"混合模式"列表框中，选择"滤色"选项，把树叶抠出来，如图8-41所示。可以看到人像被树叶遮挡。

图8-41　抠出树叶图像

**STEP 06** 选择第一条画中画轨道中的人像素材，❶切换至"抠像"选项卡；❷单击"智能抠像"按钮，抠出人像，如图8-42所示。

图8-42　抠出人像

**STEP 07** 切换至"基础"选项卡，在"层级"选项区中选择2，使人像处于树叶素材的前面，如图8-43所示。

图8-43　选择层级

**STEP 08** ❶单击"滤镜"按钮；❷切换至"影视级"选项卡；❸单击"青黄"滤镜右下角的➕按钮，为视频调色，如图8-44所示。

**STEP 09** 调整"青黄"滤镜的时长，对齐视频素材的末尾位置，如图8-45所示。执行上述操作后，即可完成特效的制作。

图8-44 添加"青黄"滤镜

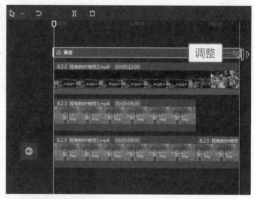

图8-45 调整"青黄"滤镜的时长

# 8.3 实用特效

实用特效是指在制作视频时经常被使用的特效,掌握这些特效的制作方法,能够轻松地制作出更有影视感、更独特的视频。本节主要为大家介绍电影画幅特效、变换四季特效、照片墙转场特效和人物若隐若现特效的制作方法。

## 8.3.1 电影画幅特效

【效果说明】:电影有其固定的画幅比例,在剪映中能够轻松制作出电影画幅,使视频更具有电影感。电影画幅特效的效果,如图8-46所示。

案例效果 教学视频

图8-46 电影画幅特效的效果

**STEP 01** 把人物走路的素材导入"本地"选项卡中,单击素材右下角的⊕按钮,把素材添加到视频轨道中,如图8-47所示。

**STEP 02** ❶单击"特效"按钮；❷切换至"基础"选项卡；❸单击"电影画幅"特效右下角的➕按钮，添加电影画幅特效，如图8-48所示。

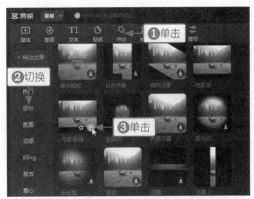

图8-47 导入视频素材　　　　　　　　　　图8-48 添加"电影画幅"特效

**STEP 03** 调整"电影画幅"特效的时长，对齐视频素材的时长，如图8-49所示。

**STEP 04** ❶单击"滤镜"按钮；❷切换至"复古"选项卡；❸单击Vintage滤镜右下角的➕按钮，为视频调色，如图8-50所示。

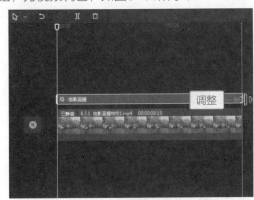

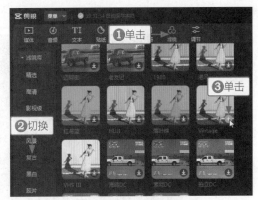

图8-49 调整"电影画幅"特效的时长　　　　图8-50 添加Vintage滤镜

**STEP 05** 调整Vintage滤镜的时长，对齐视频素材的时长，如图8-51所示。

**STEP 06** 在"播放器"窗口中预览画面，让视频变成了电影画幅，如图8-52所示。完成后导出素材。

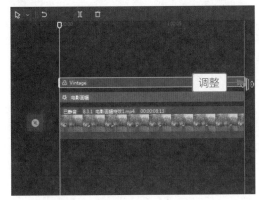

图8-51 调整Vintage滤镜的时长　　　　　图8-52 在"播放器"窗口中预览画面

**STEP 07** 把电影画幅素材和未调色的原比例视频导入"本地"选项卡中,单击电影画幅素材右下角的+按钮,把素材添加到视频轨道中,如图8-53所示。

**STEP 08** 拖曳未调色的原比例视频至画中画轨道中,如图8-54所示。

图 8-53 导入视频素材

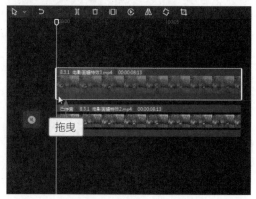

图 8-54 拖曳原比例视频素材至画中画轨道

**STEP 09** ❶切换至"蒙版"选项卡;❷选择"线性"蒙版;❸单击"位置"右侧的◆按钮,添加关键帧◆;❹设置蒙版的角度为90°;❺调整蒙版的位置,使其处于画面的最左边,如图8-55所示。

图 8-55 设置和调整蒙版

**STEP 10** 拖曳时间指示器至视频00:00:02:18的位置,调整蒙版的位置,使其处于画面的最右边,"位置"右侧会自动添加关键帧◆,如图8-56所示。

**STEP 11** 拖曳时间指示器至视频00:00:01:16的位置,❶单击"文本"按钮;❷在"文字模板"选项卡中,切换至"标题"选项区;❸单击所选文字模板右下角的+按钮,添加标题文字,如图8-57所示。

**STEP 12** 拖曳时间指示器至视频00:00:05:13的位置,❶切换至"新建文本"选项卡;❷单击"默认文本"右下角的+按钮,添加文本,如图8-58所示。

**STEP 13** 选择模板文字,更换文字内容,如图8-59所示。

图 8-56 调整蒙版的位置

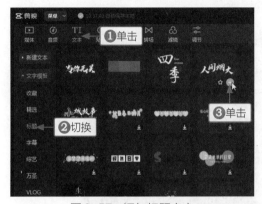

图 8-57 添加标题文字

图 8-58 添加文本

图 8-59 更换文字内容

**STEP 14** 选择第二段"默认文本"，❶输入文字内容；❷设置字体；❸调整文字的大小和位置，如图8-60所示。

**STEP 15** ❶切换至"排列"选项卡；❷设置"字间距"为2、"行间距"为3；❸选择第四个"对齐"选项，如图8-61所示。

**STEP 16** ❶单击"动画"按钮；❷在"入场"选项卡中选择"打字机Ⅱ"动画；❸拖曳滑块，

设置"动画时长"为3.0s,如图8-62所示。设置后的文字效果更加古朴好看。

图8-60　输入和调整文字

图8-61　调整字间距和行间距

图8-62　设置动画时长

**STEP 17** 拖曳时间指示器至视频起始位置,❶单击"音频"按钮;❷切换至"国风"选项卡;❸单击所选音乐右下角的⊕按钮,添加背景音乐,如图8-63所示。

**STEP 18** 调整音频的时长,对齐视频素材的时长,如图8-64所示。执行上述操作后,即可完成特效的制作。

图8-63 添加背景音乐

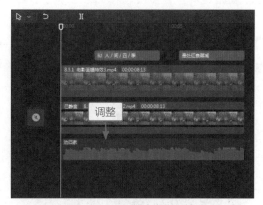

图8-64 调整音频的时长

专家指点　　在剪映的特效素材库中，有很多现成的特效可以使用，而且添加也十分方便，用户可以多加探索，让视频效果更加丰富多彩。

在添加文字字幕时，可以尽量多使用模板中的文字，这样可以提高剪辑的效率。

### 8.3.2 变换四季特效

【效果说明】：变换四季特效需要用到"智能抠像"功能，还要添加变秋天和下雪特效，让视频中的人物仿佛一瞬间经过几个季节，画面十分唯美。变换四季特效的效果，如图8-65所示。

案例效果　　教学视频

图8-65 变换四季特效的效果

**STEP 01** 把背景有植物的人像素材导入"本地"选项卡中，单击素材右下角的 ⊕ 按钮，把素材添加到视频轨道中，如图8-66所示。

**STEP 02** ❶拖曳时间指示器至00:00:04:11的位置；❷单击"分割"按钮 Ⅱ，分割视频；❸复制分割后的第二段视频粘贴至画中画轨道中，如图8-67所示。

图8-66　导入视频素材

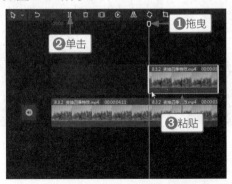

图8-67　分割并复制粘贴视频

**STEP 03** ❶切换至"抠像"选项卡；❷单击"智能抠像"按钮，抠出人像，如图8-68所示。

图8-68　抠出人像

**STEP 04** 选择视频轨道中的第二段素材，❶单击"调节"按钮；❷切换至HSL选项卡；❸拖曳滑块，设置橙色、黄色、绿色、青色和蓝色选项的"饱和度"参数为−100，保留人物身上的色彩，让画面变成黑白色，如图8-69所示。

图8-69　设置人像参数

**STEP 05** 切换至"基础"选项卡,在"调节"面板中拖曳滑块,设置"亮度"参数为20、"高光"参数为14、"光感"参数为-19,让画面呈现下雪的氛围,如图8-70所示。

图8-70 设置画面参数

**STEP 06** 选择画中画轨道中的素材,❶单击"画面"按钮;❷切换至"蒙版"选项卡;❸选择"线性"蒙版;❹调整蒙版的位置;❺长按✕按钮并向上拖曳,设置"羽化"参数为16,让人像旁边的草变成白色,如图8-71所示。

图8-71 设置和调整蒙版

**STEP 07** 拖曳时间指示器至视频起始位置,❶单击"特效"按钮;❷切换至"基础"选项卡;❸单击"变秋天"特效右下角的⊕按钮,让画面中的环境变成秋天,如图8-72所示。

**STEP 08** 调整"变秋天"特效的时长,对齐第一段视频素材的末尾位置,如图8-73所示。

**STEP 09** 拖曳时间指示器至"变清晰"特效的末尾位置,❶切换至"自然"选项卡;❷单击"大雪纷飞"特效右下角的⊕按钮,让后半段素材出现下雪的画面,如图8-74所示。

**STEP 10** 调整"大雪纷飞"特效的时长,对齐第二段视频素材的末尾位置,如图8-75所示。

**STEP 11** 拖曳时间指示器至视频起始位置,❶单击"音频"按钮;❷切换至"国风"选项卡;❸单击所选音乐右下角的⊕按钮,添加背景音乐,如图8-76所示。

**STEP 12** 调整音频的时长,对齐视频素材的时长,如图8-77所示。执行上述操作后,即可完成特效的制作。

图8-72 添加"变秋天"特效

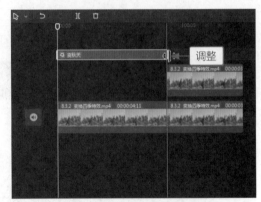

图8-73 调整"变秋天"特效的时长

图8-74 添加"大雪纷飞"特效

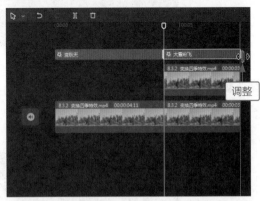

图8-75 调整"大雪纷飞"特效的时长

图8-76 添加背景音乐

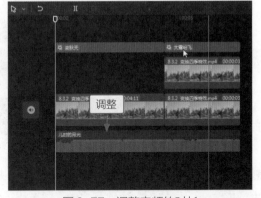

图8-77 调整音频的时长

### 8.3.3 照片墙转场特效

【效果说明】：照片墙转场特效中需要运用"色度抠图"功能，这个转场效果可以让视频的出场画面更有影视感。照片墙转场特效的效果，如图8-78所示。

案例效果　　教学视频

图8-78 照片墙转场特效的效果

**STEP 01** 把风景视频素材和照片墙特效素材导入"本地"选项卡中，单击风景视频素材右下角的 + 按钮，把素材添加到视频轨道中，如图8-79所示。

**STEP 02** 拖曳照片墙特效素材至画中画轨道中，如图8-80所示。

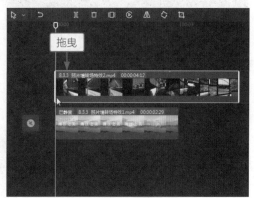

图8-79 导入视频素材　　　　图8-80 拖曳素材至画中画轨道

**STEP 03** ❶单击"音频"按钮；❷切换至"音频提取"选项卡；❸单击"导入素材"按钮，如图8-81所示。

**STEP 04** 弹出"请选择媒体资源"对话框，❶选择要提取音乐的视频素材；❷单击"打开"按钮，如图8-82所示。

**STEP 05** 成功提取音乐后，单击提取音频文件右下角的 + 按钮，添加背景音乐，如图8-83所示。

**STEP 06** ❶拖曳风景素材至视频轨道中第一段风景素材的后面；❷调整第二段视频素材的时长，对齐音频素材的时长，如图8-84所示。

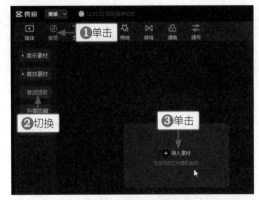

图8-81　导入音频素材

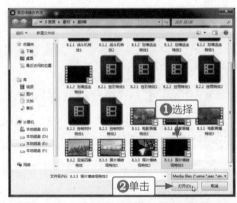

图8-82　选择要提取音乐的视频素材

图8-83　添加背景音乐

图8-84　调整素材的时长

**STEP 07** 选择照片墙特效视频素材，❶切换至"抠像"选项卡；❷选中"色度抠图"复选框；❸单击"取色器"按钮，进行取色；❹拖曳圆环，在画面中取样绿色色彩，如图8-85所示。

图8-85　在画面中取样绿色色彩

**STEP 08** 拖曳滑块，设置"强度"和"阴影"参数为100，把风景素材画面显示出来，如图8-86所示。执行上述操作后，即可完成特效的制作。

图8-86　设置参数

## 8.3.4 人物若隐若现特效

【效果说明】：在剪映中，通过添加关键帧和改变画面的不透明度，就能制作出视频中人物若隐若现的效果。人物若隐若现特效的效果，如图8-87所示。

案例效果　　教学视频

**STEP 01** 把人物走路的视频素材和同一场景下的空镜头素材导入"本地"选项卡中，单击空镜头素材右下角的 ⊕ 按钮，把素材添加到视频轨道中，如图8-88所示。

**STEP 02** ❶拖曳人物素材至画中画轨道中，并对齐空镜头素材的时长；❷拖曳时间指示器至视频00:00:04:15的位置；❸单击"分割"按钮 ⅠⅠ，分割视频，如图8-89所示。

图8-87　人物若隐若现特效的效果

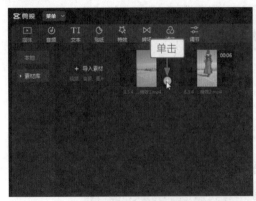

图 8-88　导入视频素材

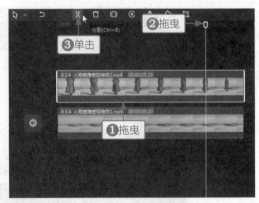

图 8-89　分割视频

**STEP 03** 选择画中画轨道中的第一段素材，拖曳时间指示器至视频00:00:02:04的位置，单击"不透明度"右侧的◇按钮，添加关键帧◆，如图8-90所示。

图 8-90　添加关键帧

**STEP 04** 拖曳时间指示器至视频00:00:04:15的位置，拖曳滑块，设置"不透明度"参数为0%，"不透明度"右侧会自动添加关键帧◆，如图8-91所示。

图 8-91　设置第一段素材的不透明度

**STEP 05** 选择视频轨道中的第二段素材，❶单击"不透明度"右侧的◇按钮，添加关键帧；❷拖曳滑块，设置"不透明度"参数为63%，如图8-92所示。

图8-92　设置第二段素材的不透明度

**STEP 06** 拖曳时间指示器至视频末尾位置，拖曳滑块，设置"不透明度"参数为0%，"不透明度"右侧会自动添加关键帧，如图8-93所示。

图8-93　设置视频末尾的不透明度

**STEP 07** 拖曳时间指示器至视频的起始位置，❶单击"滤镜"按钮；❷切换至"风景"选项卡；❸单击"绿妍"滤镜右下角的 按钮，为视频调色，如图8-94所示。

**STEP 08** 调整"绿妍"滤镜的时长，对齐视频素材的末尾位置，如图8-95所示。

图8-94　添加"绿妍"滤镜

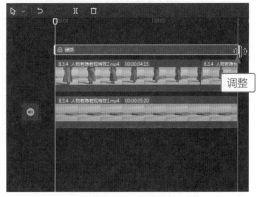

图8-95　调整"绿妍"滤镜的时长

**STEP 09** ❶单击"音频"按钮；❷切换至"抖音收藏"选项卡；❸单击所选音乐右下角的➕按钮，添加背景音乐，如图8-96所示。

**STEP 10** 调整背景音乐的时长，对齐视频素材的时长，如图8-97所示。

图8-96　添加背景音乐

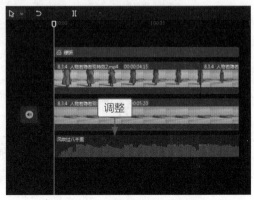

图8-97　调整背景音乐的时长

**STEP 11** 拖曳时间指示器至视频第一个关键帧的位置，❶单击"贴纸"按钮；❷切换至"清新手写字"选项卡；❸单击所选贴纸右下角的➕按钮，添加贴纸，如图8-98所示。

**STEP 12** 调整贴纸的时长和位置，使其处于画面空白处，如图8-99所示。执行上述操作后，即可完成特效的制作。

图8-98　添加贴纸

图8-99　调整贴纸的位置

## 知识导读

　　字幕特效是大多数视频和影视剧中必不可少的特效，各种开场片头和片尾谢幕也都离不开字幕特效，有特色的字幕特效能为作品带来更多记忆点。本章介绍制作海报字幕特效、片头字幕特效、水印字幕特效和片尾字幕特效的方法，帮助读者学到更多、更全面的字幕特效知识和案例。

# 9 CHAPTER

# 第9章

# 字幕特效

## 本章重点索引

■▶ 海报字幕特效

■▶ 水印字幕特效

■▶ 片头字幕特效

■▶ 片尾字幕特效

## 效果欣赏

# 9.1 海报字幕特效

在电影宣传过程中，观众第一眼看到的就是海报，而海报中的字幕展现了电影的重点内容。不管是二次创作的电影解说视频，还是电影宣传海报视频，字幕一定要突出特色，让观众产生深刻的印象。本节主要为大家介绍制作三联屏海报封面特效和动态电影海报特效的方法。

## 9.1.1 三联屏海报封面特效

【效果说明】：三联屏海报封面需要先在剪映中制作出整体画面，然后分段截图作为封面，之后就可以上传到视频平台，作为视频的封面。比如，电影解说视频一共有三集，那这三个视频的封面就可以用一张图裁剪出来。三联屏海报封面特效的效果，如图9-1所示。

案例效果　　教学视频

图9-1　三联屏海报封面特效的效果

**STEP 01** 把电影画面图片素材导入"本地"选项卡中，单击素材右下角的➕按钮，把素材添加到视频轨道中，如图9-2所示。

**STEP 02** ❶单击"文本"按钮；❷在"新建文本"选项卡中单击"默认文本"右下角的➕按钮，添加文本，如图9-3所示。

**STEP 03** ❶在"编辑"面板中输入文字；❷选择合适的字体；❸选择第一个"预设样式"；❹调整文字的大小和位置，如图9-4所示。这是封面的主标题，主要用于突出电影的名字。

**STEP 04** ❶输入第二段文字；❷选择合适的边框颜色；❸调整文字的大小和位置，如图9-5所示。这是封面的副标题，主要用于突出电影特色。将做好的画面截图并保存。

图9-2　导入视频素材

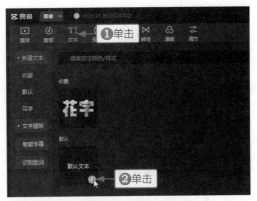

图9-3　添加文本

图9-4　输入和调整主标题文字

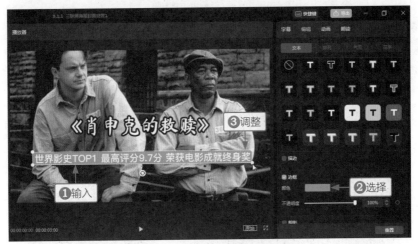

图9-5　输入和调整副标题文字

**STEP 05** 把刚才截图的画面素材和白色分段素材导入"本地"选项卡中，单击白色素材右下角的⊕按钮，把素材添加到视频轨道中，如图9-6所示。

**STEP 06** 拖曳截图素材至画中画轨道中，如图9-7所示。

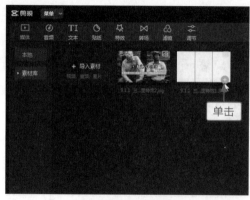

图9-6 导入素材

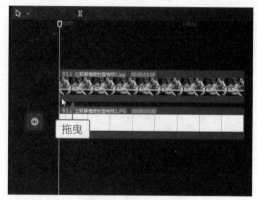

图9-7 拖曳截图素材至画中画轨道

**STEP 07** 在"混合模式"列表框中，选择"正片叠底"选项，如图9-8所示。完成后导出视频素材。

图9-8 设置混合模式

**STEP 08** 重建一个视频草稿，把刚才导出的视频素材添加到视频轨道中，单击"原始"按钮，设置比例为9∶16，把横屏画面变成竖屏画面，如图9-9所示。

图9-9 设置画面比例

**STEP 09** 调整素材的大小和位置，只露出画面的三分之一，如图9-10所示。操作完成后，对画面进行截图保存，就可以作为解说视频的封面上传到各视频平台了。执行上述操作后，即可完成特效的制作。

图9-10　调整素材

## 9.1.2 动态电影海报特效

【效果说明】：平常我们所看到的电影海报都是静止不动的，如果想让海报动起来，我们可以运用剪映给图片加入动态的文字和特效，制作出具有视觉冲击力的动态海报特效。动态电影海报特效的效果，如图9-11所示。

案例效果

教学视频

图9-11　动态电影海报特效的效果

**STEP 01** 把三张电影宣传海报图片导入"本地"选项卡中，单击素材右下角的 ⊕ 按钮，把素材添加到视频轨道中，如图9-12所示。

**STEP 02** ❶依次把剩下的素材拖曳到视频轨道中；❷调整每段素材的时长，改为原来时长的一半左右，如图9-13所示。

图9-12　导入视频素材

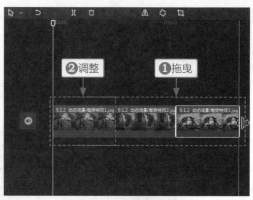

图9-13　调整素材的时长

**STEP 03** 选择第一段素材，拖曳时间指示器至第一段素材的起始位置，单击"缩放"右侧的◇按钮，添加关键帧◆，如图9-14所示。

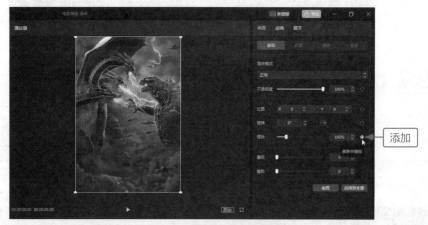

图9-14　为第一段素材添加关键帧

**STEP 04** 拖曳时间指示器至第一段素材的末尾位置，放大素材画面，"缩放"右侧会自动添加关键帧◆，如图9-15所示。第一段素材的动态效果是逐步放大。

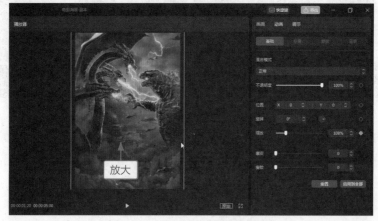

图9-15　放大第一段素材的画面

**STEP 05** 选择第二段素材，拖曳时间指示器至第二段素材的起始位置，❶放大素材，使其铺满屏幕；❷单击"缩放"右侧的◇按钮，添加关键帧◆，如图9-16所示。

图9-16 为第二段素材添加关键帧

**STEP 06** 拖曳时间指示器至第二段素材的末尾位置，放大素材画面，"缩放"右侧会自动添加关键帧◆，如图9-17所示。第二段素材的动态效果也是逐步放大。

图9-17 放大第二段素材的画面

**STEP 07** 选择第三段素材，拖曳时间指示器至第三段素材的起始位置，❶放大素材，使其铺满屏幕；❷单击"位置"右侧的◇按钮，添加关键帧◆，如图9-18所示。

**STEP 08** 拖曳时间指示器至第三段素材的末尾位置，调整素材的位置至画面左侧，"位置"右侧会自动添加关键帧◆，如图9-19所示。第三段素材的动态效果是由右往左移动。

**STEP 09** 拖曳时间指示器至视频起始位置，❶单击"文本"按钮；❷切换至"花字"选项卡；❸单击所选花字右下角的⊕按钮，添加文字，如图9-20所示。

**STEP 10** 调整"默认文本"的时长，对齐第一段视频素材的时长，如图9-21所示。

图 9-18　为第三段素材添加关键帧

图 9-19　调整第三段素材的位置

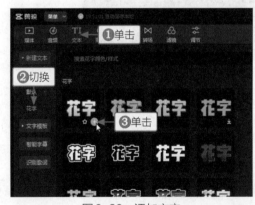

图 9-20　添加文字

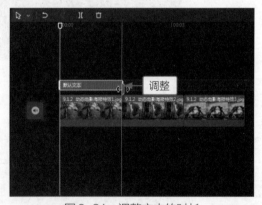

图 9-21　调整文本的时长

**STEP 11** ❶输入文字内容；❷选择合适的字体；❸调整文字的大小和位置，如图9-22所示。

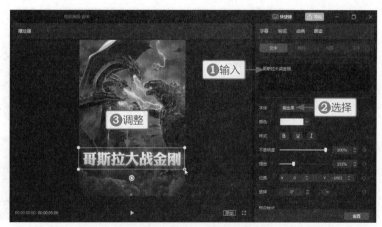

图9-22　输入和调整文字

**STEP 12** ❶单击"动画"按钮；❷选择"飞入"动画；❸拖曳滑块，设置"动画时长"为1.7s，让文字动起来，如图9-23所示。

图9-23　设置动画时长

**STEP 13** 用与上同样的方法，为第二段素材添加花字文字，并在"循环"动画选项卡中选择"色差故障"动画，如图9-24所示。

图9-24　选择"色差故障"动画

**STEP 14** 用与上同样的方法，为第三段素材添加花字文字，并在"入场"动画选项卡中选择"故障打字机"动画，如图9-25所示。

图9-25 选择"故障打字机"动画

**STEP 15** 拖曳时间指示器至第三段素材的起始位置，❶在"文字模板"选项卡中，切换至"时尚"选项区；❷单击所选文字模板右下角的➕按钮，添加文字模板，如图9-26所示。

**STEP 16** 调整文字模板的时长，对齐第三段素材的末尾位置，如图9-27所示。

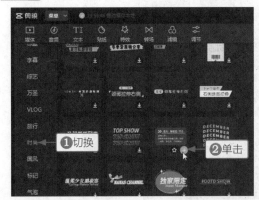

图9-26 添加文字模板

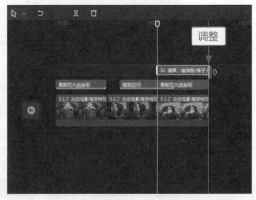

图9-27 调整文字模板的时长

**STEP 17** ❶更换文字内容；❷调整文字模板的位置，如图9-28所示。

图9-28 更换文字和调整模板位置

**STEP 18** 拖曳时间指示器至第一段素材的起始位置，❶单击"特效"按钮；❷切换至"综艺"选项卡；❸单击"冲刺"特效右下角的➕按钮，添加特效，如图9-29所示。

**STEP 19** 调整"冲刺"特效的时长，对齐第一段素材的时长，如图9-30所示。

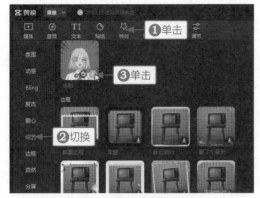

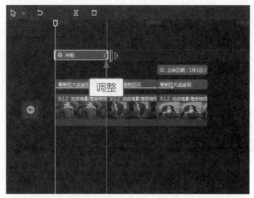

图9-29 添加"冲刺"特效    图9-30 调整"冲刺"特效的时长

**STEP 20** 拖曳时间指示器至第二段素材的起始位置，单击"高光瞬间"特效右下角的⊕按钮，添加特效，如图9-31所示。

**STEP 21** 调整"高光瞬间"特效的时长，对齐第二段素材的时长，如图9-32所示。

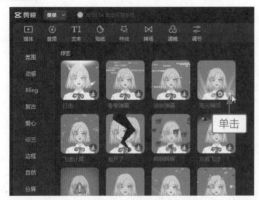

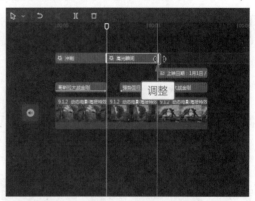

图9-31 添加"高光瞬间"特效    图9-32 调整"高光瞬间"特效的时长

**STEP 22** 拖曳时间指示器至第一段素材的起始位置，❶单击"音频"按钮；❷切换至"音频提取"选项卡；❸单击"导入素材"按钮，如图9-33所示。

**STEP 23** 导入音频之后，添加背景音乐，并调整其时长，如图9-34所示。执行上述操作后，即可完成特效的制作。

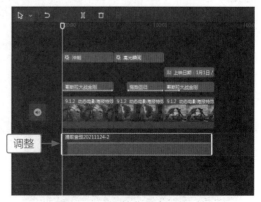

图9-33 导入音频素材    图9-34 调整背景音乐的时长

> 剪映中的花字样式非常多，在选择花字时，可以根据背景画面的颜色来选择。比如，画面中的蓝色色彩比较多，那么就可以选择蓝色风格的花字；如果是金色的画面，就选择金色或者黄色的花字。这样可以使添加的花字文字与背景色彩和谐统一。

# 9.2 片头字幕特效

片头字幕在视频内容中处于最开始、最显眼的位置，因此有特色、有个性的片头字幕特效对于影片具有重要的宣传作用。在剪映中制作片头字幕特效有很多种方式，本节为大家介绍一些常用特效的制作方法。

## 9.2.1 复古胶片字幕特效

【效果说明】：复古胶片字幕特效的特点是有历史感和怀旧感，因此画面一定要做出老旧的样式。字幕的文字最好选择有记忆点的内容。复古胶片字幕特效的效果，如图9-35所示。

案例效果

教学视频

图9-35　复古胶片字幕特效的效果

**STEP 01** 在剪映中切换至"素材库"选项卡，单击白场素材右下角的 ⊕ 按钮，把素材添加到视频轨道中，如图9-36所示。

**STEP 02** ❶单击"特效"按钮；❷切换至"复古"选项卡；❸单击"胶片Ⅲ"特效右下角的 ⊕ 按钮，添加第一段特效，如图9-37所示。

图9-36　导入视频素材

图9-37　添加"胶片Ⅲ"特效

**STEP 03** ❶切换至"光影"选项卡；❷单击"窗格光"特效右下角的⊕按钮，添加第二段特效，如图9-38所示。

**STEP 04** ❶切换至"纹理"选项卡；❷单击"老照片"特效右下角的⊕按钮，添加第三段特效，如图9-39所示。

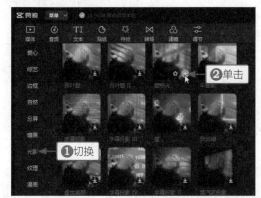

图9-38　添加"窗格光"特效

图9-39　添加"老照片"特效

**STEP 05** 添加特效后，即可制作出复古胶片感的画面。下面就可以开始添加文本了，❶输入文字内容；❷选择合适的字体，这里选择手写字字体，更有复古感，如图9-40所示。添加文本的方式前面已经重复很多遍了，下面就不重复步骤了。

图9-40　输入文字并设置字体

**STEP 06** 在"预设样式"选项区中，选择红底白字样式，突出白色的文字，如图9-41所示。

图9-41　选择文字样式

**STEP 07** ❶单击"动画"按钮；❷选择"打字机II"动画；❸拖曳滑块，设置"动画时长"为2.0s，如图9-42所示。

图9-42　选择和设置动画

**STEP 08** ❶添加第二段英文文字；❷选择合适的字体；❸调整文字的大小和位置，使其处于中文文字的下面，如图9-43所示。

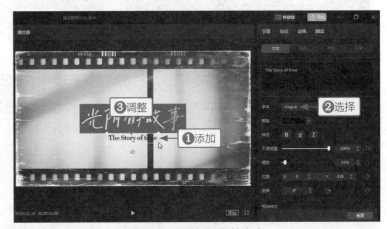

图9-43　添加和调整文字

**STEP 09** ❶切换至"排列"选项卡；❷设置"字间距"为3，让文字排列得更加宽松一些，如图9-44所示。

图9-44　设置字间距

**STEP 10** ❶单击"动画"按钮；❷选择"故障打字机"动画；❸拖曳滑块，设置"动画时长"为2.0s，如图9-45所示。

**STEP 11** ❶单击"音频"按钮；❷展开"音效素材"选项卡；❸切换至"机械"选项区；❹单击"胶卷过卷声"音效右下角的⊕按钮，添加音效，如图9-46所示。

STEP 12 ❶切换至"音乐素材"选项卡；❷搜索音乐；❸单击所选音乐右下角的➕按钮，添加音乐并调整其时长，如图9-47所示。执行上述操作后，即可完成特效的制作。

图9-45 选择和设置动画

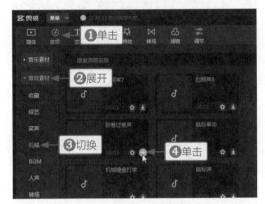

图9-46 添加音效

图9-47 添加音乐并调整时长

## 9.2.2 金色粒子字幕特效

【效果说明】：在剪映中，通过添加金色粒子素材可以做出金色粒子字幕效果。制作时需要根据粒子的样式提前做好文字模板，比如粒子特效素材有金色的和红色的，那么就需要配合红色和金色的文字。金色粒子字幕特效的效果，如图9-48所示。

案例效果　　教学视频

图9-48 金色粒子字幕特效的效果

图9-48　金色粒子字幕特效的效果(续)

**STEP 01** ❶在剪映中切换至"素材库"选项卡；❷单击黑场素材右下角的❶按钮，把素材添加到视频轨道中，如图9-49所示。

**STEP 02** ❶单击"文本"按钮；❷在"收藏"选项区中，单击金色花字右下角的❶按钮，添加金色文字，如图9-50所示。

图9-49　导入视频素材

图9-50　添加花字

**STEP 03** ❶输入文字内容；❷选择合适的字体；❸调整文字的大小和位置，如图9-51所示。这里只输入一个文字，因为后续要调整每个字的大小和位置。

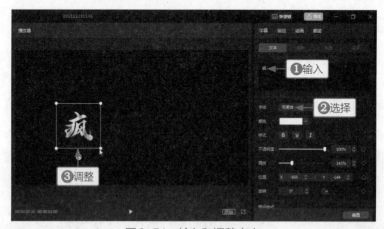

图9-51　输入和调整文字

**STEP 04** ❶单击"动画"按钮；❷选择"渐显"动画；❸拖曳滑块，设置"动画时长"为2.0s，如图9-52所示。

图9-52 选择和设置动画

**STEP 05** ❶切换至"出场"选项卡；❷选择"溶解"动画；❸拖曳滑块，设置"动画时长"为1.0s，如图9-53所示。

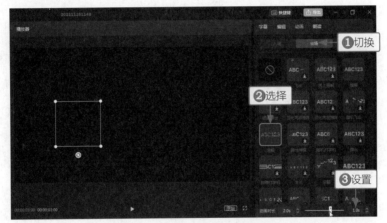

图9-53 选择和设置出场动画

**STEP 06** 添加剩下的文字，调整每个文字的大小和位置，英文文字的字体与中文字体不同，如图9-54所示。

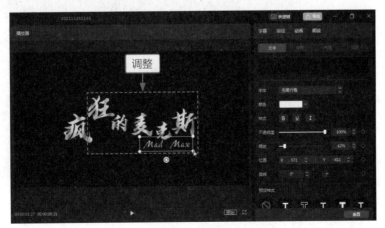

图9-54 添加和调整其余的文字

**STEP 07** 拖曳金色粒子特效素材至画中画轨道中，如图9-55所示。

**STEP 08** ❶单击"贴纸"按钮；❷搜索"红印"贴纸；❸单击所选贴纸右下角➕按钮，添加贴纸，如图9-56所示。

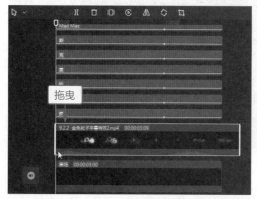

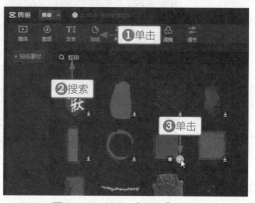

图9-55 拖曳素材至画中画轨道　　　　图9-56 添加"红印"贴纸

**STEP 09** ❶调整贴纸的大小和位置；❷单击"动画"按钮；❸为贴纸选择"渐显"入场动画、"渐隐"出场动画；❹设置各自的"动画时长"为2.0s和1.0s，如图9-57所示。

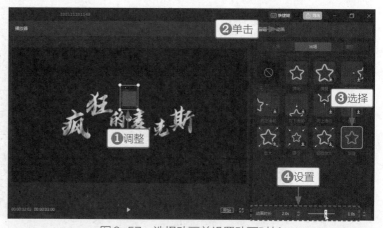

图9-57 选择动画并设置动画时长

**STEP 10** ❶添加四个文字；❷调整文字的大小和位置，使其覆盖红印，如图9-58所示。这段文字的动画设置与其他文字的动画设置一样，完成后导出素材。

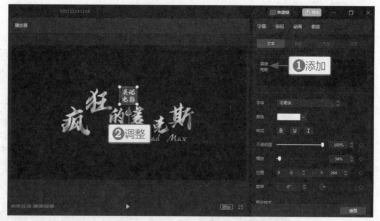

图9-58 添加和调整文字

**STEP 11** 新建一个视频草稿，把刚才导出的文字素材和电影背景素材导入"本地"选项卡中，单击电影背景素材右下角的➕按钮，把素材添加到视频轨道中，如图9-59所示。

**STEP 12** 拖曳文字素材至画中画轨道中，如图9-60所示。

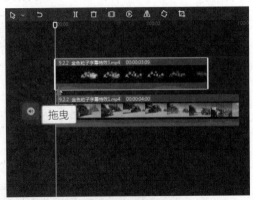

图9-59　导入视频素材　　　　　　　图9-60　拖曳文字素材至画中画轨道

**STEP 13** 在"混合模式"列表框中，选择"滤色"选项，把金色粒子字幕显现在电影素材画面中，如图9-61所示。执行上述操作后，即可完成特效的制作。

图9-61　选择"滤色"选项

## 9.2.3 文字跟踪出现特效

案例效果　　教学视频

【效果说明】：文字跟踪出现特效，是让文字跟着人物的运动轨迹而渐渐出现。文字跟踪出现特效的效果，如图9-62所示。

图9-62　文字跟踪出现特效的效果

**STEP 01** 在白底素材中添加一段文字，如图9-63所示。完成后导出素材。

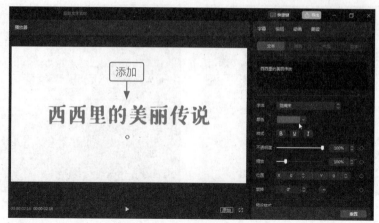

图9-63 在白底素材中添加文字

**STEP 02** 新建一个视频草稿，把背景素材和文字素材导入"本地"选项卡中，单击背景素材右下角的 + 按钮，把素材添加到视频轨道中，如图9-64所示。

**STEP 03** 拖曳文字素材至画中画轨道中，如图9-65所示。

图9-64 导入视频素材

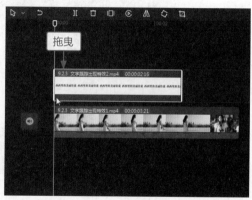

图9-65 拖曳文字素材至画中画轨道

**STEP 04** ❶在"混合模式"列表框中，选择"正片叠底"选项；❷调整文字的位置，如图9-66所示。

**STEP 05** ❶切换至"蒙版"选项卡；❷选择"线性"蒙版；❸调整蒙版的角度和位置，使其处于画面中人物头发上面；❹单击"位置"右侧的 ◇ 按钮，添加关键帧 ◆，如图9-67所示。

图9-66 设置和调整文字

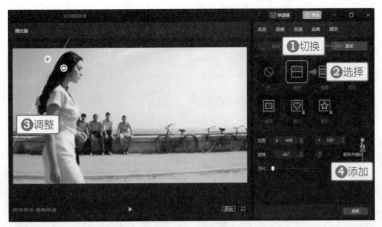

图9-67 添加蒙版和关键帧

**STEP 06** 拖曳时间指示器至视频往后一点的部分，调整蒙版的位置，使其仍然处于画面中人物头发上面，"位置"右侧会自动添加关键帧◆，如图9-68所示。

图9-68 调整蒙版的位置

**STEP 07** 用同样的方法，每移动一点时间指示器的位置，就调整蒙版的位置，直到最后露出所有文字，如图9-69所示。执行上述操作后，即可完成特效的制作。

图9-69 再次调整蒙版的位置

## 9.2.4 双色字幕片头特效

【效果说明】：在剪映中，运用文字的动画效果可以制作出双色字幕片头。本节以电视剧《扫黑风暴》的片头效果为例，介绍制作双色字幕片头特效的方法。双色字幕片头特效的效果展示，如图9-70所示。

案例效果　　教学视频

图9-70　双色字幕片头特效的效果

**STEP 01** 在剪映的"素材库"选项卡中添加一段透明素材，❶切换至"背景"选项卡；❷在"背景填充"列表框中选择"颜色"选项；❸在"颜色"选项区中，选择绿色色块，方便后期抠图，如图9-71所示。"黑白场"选项区中的第三个选项就是透明素材。

图9-71　在"颜色"选项区中选择绿色色块

**STEP 02** 添加合适的文字，颜色为上红下黑，如图9-72所示。完成后导出素材。

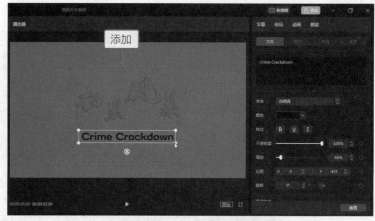

图9-72　添加合适的文字

**STEP 03** 把文字颜色都设置为白色，如图9-73所示。完成后再次导出素材。

图9-73　设置文字颜色

**STEP 04** 把刚才导出的两段文字素材和背景视频素材导入"本地"选项卡中，单击背景素材右下角的 ⊕ 按钮，把素材添加到视频轨道中，如图9-74所示。

**STEP 05** 拖曳两段文字素材分别处于两条画中画轨道中，调整素材的位置和时长，使每条画中画轨道中有两段同样的文字素材，如图9-75所示。

图9-74　导入视频素材

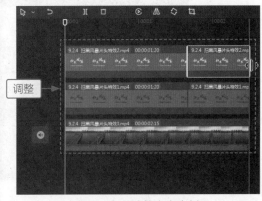

图9-75　调整文字素材

**STEP 06** ❶在"抠像"选项卡中对文字素材进行取色抠图处理；❷设置"强度"参数为20、"阴影"参数为16，抠出文字，如图9-76所示。对剩下的文字素材都进行取色抠图处理。

**STEP 07** 调整白色文字素材的位置，制作出立体文字效果，如图9-77所示。

图9-76　抠出文字

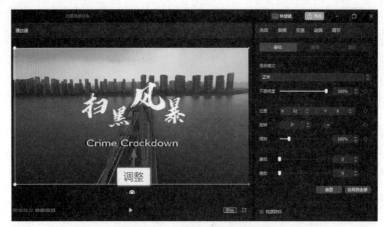

图9-77　调整白色文字素材

STEP 08　选择画中画轨道中的第一段白色文字素材，❶单击"动画"按钮；❷在"入场"选项卡中，选择"向左滑动"动画；❸设置"动画时长"为1.0s，如图9-78所示。

图9-78　设置白色文字素材的入场动画

STEP 09　选择第一段红黑文字素材，❶在"入场"选项卡中选择"向右滑动"动画；❷设置"动画时长"为1.0s，，如图9-79所示。

图9-79　设置红黑文字素材入场动画

**STEP 10** 为两条画中画轨道中的第二段文字素材都设置"轻微放大"出场动画，如图9-80所示。执行上述操作后，即可完成特效的制作。

图9-80　设置出场动画

## 9.2.5 文字穿越开场特效

【效果说明】：在剪映中，运用抠图功能可以做出文字穿越开场特效，让视频随着文字的放大而出现。文字穿越开场特效的效果，如图9-81所示。

案例效果　　教学视频

图9-81　文字穿越开场特效的效果

**STEP 01** 导入绿幕图片，添加一段红色颜色的文字，时长设置为6秒，❶单击"缩放"和"位置"右侧的◇按钮，添加两个关键帧◆；❷微微调整文字的大小，如图9-82所示。

图9-82　添加关键帧并调整文字

**STEP 02** 拖曳时间指示器至视频3s的位置，❶调整文字的大小；❷单击"位置"右侧的◇按钮，添加关键帧◆，如图9-83所示。

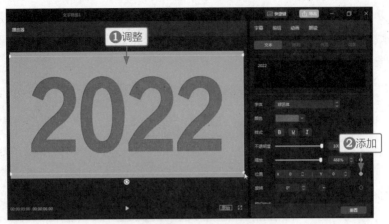

图9-83　调整文字并添加关键帧

**STEP 03** 拖曳时间指示器至视频末尾位置，放大文字至最大，只露出文字的红色部分，"缩放"和"位置"右侧会自动添加两个关键帧，如图9-84所示。完成后导出素材。

图9-84　放大文字素材至最大

**STEP 04** 把文字素材和第一段背景素材导入"本地"选项卡中，单击背景素材右下角的 按钮，把素材添加到视频轨道中，如图9-85所示。

**STEP 05** 拖曳文字素材至画中画轨道中，如图9-86所示。

图9-85　导入视频素材

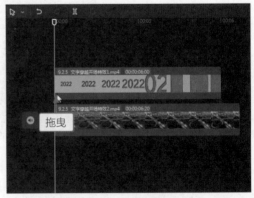

图9-86　拖曳文字素材至画中画轨道

**STEP 06** ❶在"抠像"选项卡中对文字素材中的红色颜色进行取色抠图处理；❷设置"强度"参数为100，把数字抠出来，如图9-87所示。完成后导出素材。

**STEP 07** 把上一步导出的文字素材和第二段背景素材导入"本地"选项卡中，单击背景素材右下角的⊕按钮，如图9-88所示。

**STEP 08** 拖曳文字素材至画中画轨道中，如图9-89所示。

图9-87　抠出数字

图9-88　导入文字和背景素材

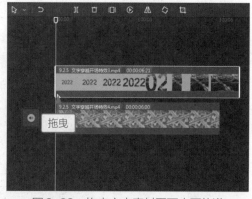

图9-89　拖曳文字素材至画中画轨道

**STEP 09** ❶在"抠像"选项卡中对文字素材中的绿色颜色进行取色抠图处理；❷设置"强度"参数为52、"阴影"参数为41，露出背景，如图9-90所示。执行上述操作后，即可完成特效的制作。

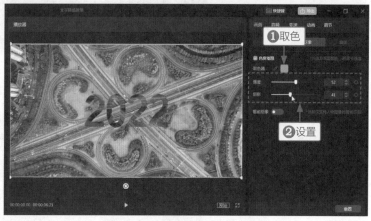

图9-90　取色抠图并设置参数

## 9.2.6　扫光文字片头特效

【效果说明】：扫光文字片头特效的效果就像文字被光扫射一般，慢慢显现出来，非常适合用于视频开场。扫光文字片头特效的效

案例效果

教学视频

果，如图9-91所示。

图9-91　扫光文字片头特效的效果

**STEP 01** 导入黑场素材，添加两段合适的文字，黑场素材和文字素材的时长都设置为5秒，调整文字的字体、位置和大小后，按【Ctrl+A】组合键，全选文字素材，在"颜色"选项区中选择灰色色块，如图9-92所示。完成后导出素材。

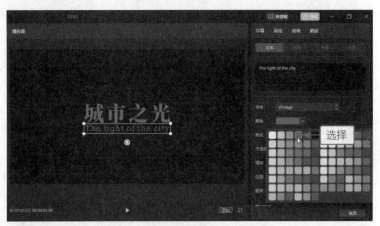

图9-92　设置文字的样式和颜色

**STEP 02** 按【Ctrl+A】组合键，全选文字素材，在"颜色"选项区中选择白色色块，把两段文字的颜色更改为白色，如图9-93所示。完成后导出素材。

**STEP 03** 把导出的两段文字素材导入"本地"选项卡中，单击灰色文字素材右下角的⊕按钮，把素材添加到视频轨道中，如

图9-93　更改文字的颜色

图9-94所示。

**STEP 04** ❶拖曳白色文字素材至画中画轨道中；❷拖曳时间指示器至视频3s的位置；❸单击"分割"按钮❙❙，分割视频，如图9-95所示。

图9-94 导入视频素材

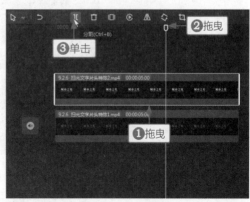

图9-95 分割视频

**STEP 05** 选择分割后的第一段白色文字素材，❶切换至"蒙版"选项卡；❷选择"镜面"蒙版；❸调整蒙版的形状和角度；❹单击"位置"右侧的◆按钮，添加关键帧◆，如图9-96所示。

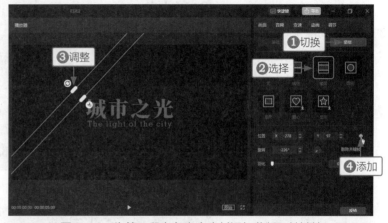

图9-96 为第一段白色文字素材添加蒙版和关键帧

**STEP 06** 拖曳时间指示器至第一段白色文字素材的末尾位置，调整蒙版的位置，使其处于文字的下面，"位置"右侧会自动添加关键帧◆，如图9-97所示。设置后呈现光从左往右扫的效果。

图9-97 调整蒙版并添加关键帧

**STEP 07** 选择分割后的第二段白色文字素材，❶选择"线性"蒙版；❷调整蒙版的位置，使其处于文字的上方；❸单击"位置"右侧的◆按钮，添加关键帧◆，如图9-98所示。

图9-98 为第二段白色文字素材添加蒙版和关键帧

**STEP 08** 拖曳时间指示器至第二段白色文字素材的末尾位置，调整蒙版的位置，使其处于文字的下方，"位置"右侧会自动添加关键帧◆，如图9-99所示。设置后呈现光从上往下扫的效果。完成后导出素材。

图9-99 调整蒙版的位置并添加关键帧

**STEP 09** 把背景素材添加到视频轨道中，把上一步导出的素材拖曳至画中画轨道中，在"混合模式"列表框中选择"滤色"选项，如图9-100所示。执行上述操作后，即可完成特效的制作。

图9-100 选择"滤色"选项

# 9.3 水印字幕特效

视频水印不仅可以防止他人盗取视频，还能对制作者起到一定的宣传作用。因此，在视频中添加专属个人水印是非常重要的，有特色的水印还能将视频装饰得更漂亮。下面为大家介绍如何制作水印字幕特效。

## 9.3.1 移动水印特效

【效果说明】：静止不动的水印容易被马赛克涂抹掉，或者被挡住，因此给视频添加移动水印才能保证水印不被覆盖。移动水印特效的效果，如图9-101所示。

案例效果　　教学视频

图9-101　移动水印特效的效果

**STEP 01** 将背景视频素材导入"本地"选项卡，单击素材右下角的⊕按钮，把素材添加到视频轨道中，如图9-102所示。

**STEP 02** 添加一段"默认文本"，并调整其时长，对齐视频的时长，如图9-103所示。

图9-102　导入视频素材

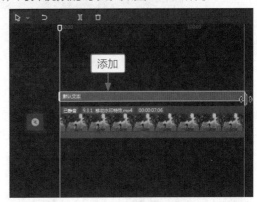

图9-103　添加文本并调整时长

**STEP 03** ❶输入文字内容；❷选择合适的字体；❸拖曳滑块，设置"不透明度"参数为64%；❹调整文字的大小和位置，使其处于画面的左上角位置；❺单击"位置"右侧的◇按钮，添加关键帧◆，如图9-104所示。

图9-104 输入和设置文字

**STEP 04** 每拖曳一段时间指示器的位置，就相应地移动水印文字的位置，使其处于画面的右下角、右上角和左下角，如图9-105所示。此时，"位置"右侧会自动添加关键帧◆，水印文字会自动移动。执行上述操作后，即可完成特效的制作。

图9-105 移动水印文字的位置

## 9.3.2 专属水印特效

【效果说明】：在剪映中，通过添加个性化的贴纸即可做出专属水印特效，且风格独特，极具个性。专属水印特效的效果，如图9-106所示。

案例效果　　教学视频

图9-106 专属水印特效的效果

**STEP 01** 添加黑场素材为背景，❶设置画面比例为1∶1；❷添加文本并输入文字内容；❸选择合适的字体；❹调整文字的大小和位置，如图9-107所示。

**STEP 02** ❶单击"动画"按钮；❷切换至"循环"选项卡；❸选择"晃动"动画，如图9-108所示。

**STEP 03** ❶单击"贴纸"按钮；❷在"收藏"选项卡中，单击所选贴纸右下角的❶按钮，添加边框贴纸，如图9-109所示。

**STEP 04** ❶搜索"复古中国风"贴纸；❷单击所选贴纸右下角的❶按钮，添加装饰贴纸，如图9-110所示。遇到喜欢的贴纸时，可以单击贴纸旁边的☆按钮进行收藏，以便下次使用。

图9-107　添加并调整文字

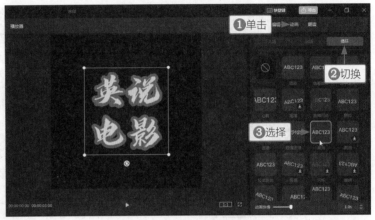

图9-108　设置"晃动"动画

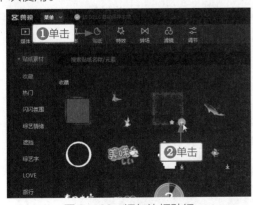

图9-109　添加边框贴纸

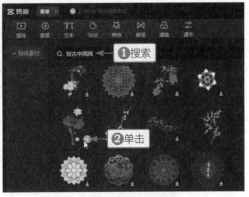

图9-110　添加装饰贴纸

**STEP 05** ❶调整两段贴纸的大小和位置；❷完成后单击"导出"按钮，导出素材，如图9-111所示。

**STEP 06** 新建一个视频草稿，导入刚才导出的文字素材和背景素材，选择文字素材，❶在"混合模式"列表框中，选择"滤色"选项；❷调整文字的大小；❸单击"位置"和"缩放"右侧的◇按钮，添加两个关键帧◆，如图9-112所示。

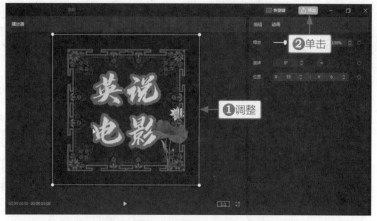

图9-111　调整贴纸并导出素材

图9-112　设置文字并添加关键帧

**STEP 07** 拖曳时间指示器至文字素材的末尾位置，调整文字的大小和位置，使其处于画面的右下角，此时"位置"和"缩放"右侧会自动添加关键帧◆，如图9-113所示。

图9-113　调整文字

**STEP 08** 拖曳同一段文字素材至画中画轨道，调整其位置，使文字处于画面的右下角位置，并设置"方片转动"动画，如图9-114所示。此时，水印文字会从中间向右下角移动并转动。执行上述操作后，即可完成特效的制作。

图9-114　设置"方片转动"动画

# 9.4 片尾字幕特效

片尾字幕一般都为谢幕文字，还有一些视频需要滚动字幕来介绍视频中的相关人员，因此滚动字幕也是必备的一种片尾字幕特效。有特色的片尾文字能让观看视频的观众回味无穷，本节主要为大家介绍这些片尾字幕特效的制作方法。

## 9.4.1 镂空字幕特效

【效果说明】：镂空字幕的背景是视频画面，因此效果非常壮观。镂空字幕的字体一定要有棱角，才能做出独特的感觉。镂空字幕特效的效果，如图9-115所示。

案例效果　　教学视频

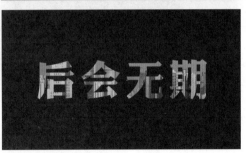

图9-115　镂空字幕特效的效果

**STEP 01** 添加黑场素材作为背景，❶添加文本，输入文字内容；❷选择合适的字体；❸调整文字的大小，并设置时长都为5秒左右，如图9-116所示。完成后导出素材。

图9-116 输入并调整文字

**STEP 02** 把背景视频素材和文字素材导入"本地"选项卡中，单击背景素材右下角的⊕按钮，把素材添加到视频轨道中，如图9-117所示。

**STEP 03** 拖曳文字素材至第一条和第二条画中画轨道中，如图9-118所示。

图9-117 导入视频素材

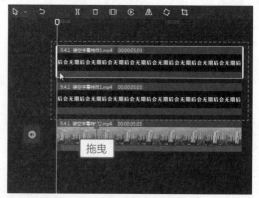

图9-118 拖曳素材至相应轨道

**STEP 04** 在"混合模式"列表框中，选择"正片叠底"选项，如图9-119所示。另一条画中画轨道中的素材也用同样的方法设置。

图9-119 设置混合模式

**STEP 05** 拖曳时间指示器至视频00:00:03:00的位置，选择第二条画中画轨道中的素材，❶切换至"蒙版"选项卡；❷选择"线性"蒙版；❸单击"位置"右侧的◇按钮，添加关键帧◆，如图9-120所示。

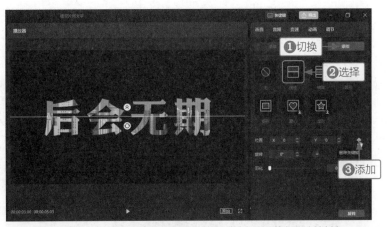

图9-120　为第二条画中画轨迹中的素材添加蒙版和关键帧

**STEP 06** 选择第一条画中画轨道中的素材，❶选择"线性"蒙版；❷单击"反转"按钮；❸单击"位置"右侧的◇按钮，添加关键帧◆，如图9-121所示。

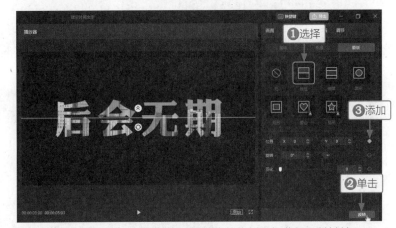

图9-121　为第一条画中画轨迹中的素材添加蒙版和关键帧

**STEP 07** 拖曳时间指示器至视频起始位置，把两条画中画轨道中素材的蒙版线拖曳至画面的最上方和最下方，露出背景画面，"位置"右侧会自动添加关键帧◆，如图9-122所示。执行上述操作后，即可完成特效的制作。

图9-122　拖曳蒙版线至相应位置

## 9.4.2 滚动字幕特效

【效果说明】：片尾谢幕文字一般都是滚动字幕的形式，让人员名单从下往上滚动展示出来。滚动字幕特效的效果，如图9-123所示。

案例效果　　教学视频

图9-123 滚动字幕特效的效果

**STEP 01** 导入背景视频素材，单击"位置"和"缩放"右侧的◇按钮，添加两个关键帧◇，如图9-124所示。

**STEP 02** 拖曳时间指示器至视频00:00:02:00的位置，调整背景素材的大小和位置，使其慢慢缩小并处于画面的左边位置，"位置"和"缩放"右侧会自动添加关键帧◇，如图9-125所示。

**STEP 03** ❶单击"文本"按钮；❷单击"默认文本"右下角的✚按钮，添加文本，如图9-126所示。

**STEP 04** 调整"默认文本"的时长，使其末尾位置处于视频00:00:06:20的位置，如图9-127所示。

图9-124 添加关键帧

图9-125 调整背景素材

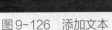

图9-126　添加文本

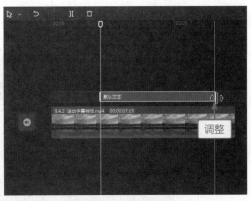

图9-127　调整文本时长

**STEP 05** ❶输入谢幕文字；❷选择合适的字体；❸单击"位置"右侧的◇按钮，添加关键帧◆；❹调整文字的大小和位置，使其处于画面最下方，如图9-128所示。

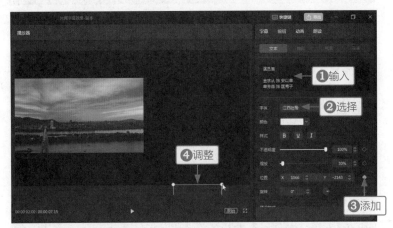

图9-128　设置文字并添加关键帧

**STEP 06** 拖曳时间指示器至文字素材的末尾位置，调整文字的位置，使其处于画面的最上方，"位置"右侧会自动添加关键帧◆，如图9-129所示。

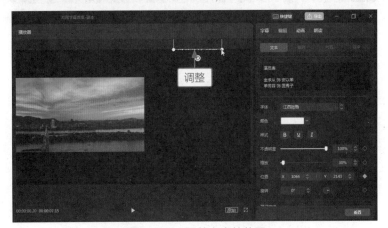

图9-129　调整文字的位置

**STEP 07** ❶在谢幕文字末尾处再添加一段"感谢观看"文字；❷选择合适的字体；❸调整文字的位置，使其处于画面右侧中间，如图9-130所示。

图9-130 添加并调整谢幕文字

**STEP 08** ❶单击"动画"按钮；❷在"入场"选项卡中选择"生长"动画，让文字动起来，如图9-131所示。执行上述操作后，即可完成特效的制作。

图9-131 设置入场动画